川泰宣
MATOGAWA YASUNORI

「はやぶさ2」が
舞い降りた日々

新「喜・怒・哀・楽の宇宙日記」

勉誠出版

まえがき

　宇宙の現場で半世紀近く仕事をしてきた私は、いつの間にか世界中の宇宙のニュースを毎日かかさずチェックするという習慣が身についてしまいました。それは世界の宇宙活動の日記とも言うべきものなので、時を追いながら本にしていったらどうかとの提案をいただき、「喜・怒・哀・楽の宇宙日記」というシリーズとして、2005年を皮切りに共立出版から以下の5巻を上梓させていただきました。

　　1　『轟きは夢を乗せて』(2005年)
　　2　『人類の星の時間を見つめて』(2008年)
　　3　『いのちの絆を宇宙に求めて』(2010年)
　　4　『この国とこの星と私たち』(2012年)
　　5　『宇宙で育む平和な未来』(2016年)

　2010年に7年の旅を終えた初代「はやぶさ」はこの時期に含まれています。その後「はやぶさ」の後継機として旅立った「はやぶさ2」は、兄貴分とは異なり、非常に順調な闘いを経て、小惑星リュウグウからサンプルを見事に採取し、そのカプセルが再び故郷の大地に帰還しようとしています。

　このタイミングで、「喜・怒・哀・楽の宇宙日記」を、趣を変えて、世界中の宇宙活動というよりは「はやぶさ2の輝ける歩み」を語る場として、勉誠出版から皆さんのお手元に届けていただくことになりました。

この新「喜・怒・哀・楽の宇宙日記」は「はやぶさ2」が舞い降りた日々を綴ったものです。折しも私が大学院生だった頃に打ち上げられた日本最初の人工衛星「おおすみ」から半世紀の節目を迎えた年に出版されるのも、非常に感慨深いものがあります。思えば「おおすみ」以来、数々の宇宙ミッションを興味と愛情をもって見守ってくださった多くの方々が心待ちにされていたであろう「はやぶさ2」の帰還までの物語を、最高レベルのチームワークで紡いできた若者たちの姿とともに今一度噛みしめていただき、新型コロナとの闘いのための心の栄養にして欲しいものです。

　羽生善治先生には、大切な対局のつづくさなかに帯文をいただき、心から感謝します。出版を快くお引き受けいただいた勉誠出版の池嶋社長、行き届いた編集を猛烈な勢いで進めていただいた和久さん、本当にありがとうございました。

　「はやぶさ2」チームのみなさんはもちろん、それをささえ励まし続けてくださったすべてのみなさんに、この新装なった日記を捧げます。

　　2020年11月

　　　　　　　　　　　　　　　　　　的川泰宣

第6章

圧巻の第一回タッチダウン── サンプルは採取された

第7章

3億キロ彼方の人工クレーター── 未踏の挑戦

滄海一粟　桑弧蓬矢

1　初代「はやぶさ」の帰還

　それは、南十字星の輝くオーストラリアの砂漠の静寂を劈くような鮮烈な光の筋となって、地球の大気圏に突入してきました[図0-01]。7年間60億キロの長旅を闘いぬいて、どこか誇らしげに見える光の帯。それは、「はやぶさ」の本体が大気の高温と高圧を受けてバラバラに砕け散っている壮絶な姿なのだと分かっていました。断末魔の只中にあって勝利の雄たけびを発しているこの「人工の流れ星」の向こうには、「はやぶさ」チームのインテリジェンスとスキル、そしてコラボレーションが輝いて見えました。

　たった数分間の映像で多くの人を感動の涙に引きずり込んだ「はやぶさ」に、せめて懐かしい地球の姿を見せてやりたいと、管制室のスタッフは強い願いを持ちました。ところが、「はやぶさ」の最も性能のいいカメラは、本体の下面についており、しかも姿勢制御にかかわる装置はほとんど壊れています。

　そこでスタッフは果敢にも「手動」で「はやぶさ」の体を横に回すことにチャレンジしながら、側面に装備したカメラで地球の撮影を8回にわたって試みました。1枚目──真っ黒、2枚目──真っ黒、3枚目──真っ黒、……絶望的なタイムリミットが迫っていました。そしてその執念は7枚目に実りました。「涙で霞んだ」地球の画像が届いたのです[図0-02]。「はやぶさ」が目にした最後の故郷の姿です。これを地上局に向けて送信してくれた直後、「はやぶさ」は追跡アンテナのある鹿児島・内之浦の地平線の下に消え、8枚目を送ることができませんでした。この写真は、科学がロマンと好奇心を満身創痍で追求する活動であることを象徴的に語りかけています。

　その年の秋、プラハ（チェコ）で世界最大の国際宇宙会議（IAC）が開催されました。冒頭にIAC会長の基調報告があります。彼は、この1年間の世界の宇宙活動を総括し、トップのニュースを10個ほど挙げていきます。人々が固唾をのむ中で、トップ・ニュースに挙

げられたのが「はやぶさの地球帰還」でした。そして2番目に挙げられたアメリカの火星探査を挟んで、3番目には、同じ年に宇宙開発史上初の見事な成功を遂げた日本のソーラーセイル「イカロス」が告げられました。会長は、日本の宇宙技術力の高さを称え、満場は大きな拍手に包まれたのでした。

　日本は翌2011年、東日本大震災と「ふくしま」原発事故という惨禍に襲われました。「はやぶさ」の帰還は、その後成し遂げられた女子ワールドカップ・サッカーの「なでしこ」チームの初優勝[図0-03]と並んで、苦しみと闘う日本列島の人々を励ましつづける力強いできごととして語り継がれていきました。

2　圧巻だった「のぞみ」キャンペーン

　人類史上初めての小惑星サンプルリターン計画「はやぶさ」の成果を、次の世代にバトンタッチするミッションを実現したいという想いは、初代「はやぶさ」の帰還前から、日本の惑星科学の大切なテーマでした。しかし宇宙科学研究所が提案した「次世代小惑星探査機」は、2007年度予算で5000万円がつけられたものの、要求していた5億円には程遠い数字でした。これでは部品の先行発注すら難しいと感じていた矢先、日本の科学の歴史にあまり起きたことのない現象を耳にするようになりました。

　「後継機」を熱望する数多くのメッセージが、政府機関（財務省・文部科学省）に直接届くようになったのでした。国民の大きな共感を呼んだ「はやぶさ」の激闘が後押しをしてくれたらしいのです。

　宇宙活動自体は、共感を目的とするものではありません。しかし、予算を配分する役目にある政府機関が「国民の目と声」を意識することは、考えてみれば当たり前のことです。とは言っても、1955年4月に東京・国分寺で水平に発射されて日本の宇宙開発の発端となった「ペンシルロケット」から始まって、1970年の日本初の衛星「おおすみ」の誕生、1980年代半ばの「ハレー彗星探査」など節目節目の大

図0-01　初代「はやぶさ」の帰還（2010年6月13日、オーストラリア）

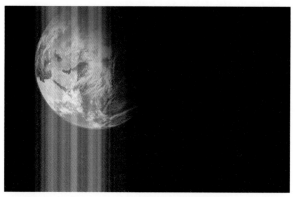

図0-02　「はやぶさ」のカメラが最後にとらえた地球

きな事件やそれらに対する人々の反応が、政府機関の決断を目に見えて変えるほど力になったことは、私の記憶の中にはあまりありません。

　ただ一つだけ例外があります。それは初代「はやぶさ」打ち上げ（2003年）の5年前にあった出来事です。日本の宇宙開発と人々を直接につないだ、その思い出深い事件を足早に披露しておきましょう。

　1998年7月4日午前3時26分、日本初の火星探査機「プラネットB」を乗せたミューVロケットが、鹿児島・内之浦の発射場から発射されました。真夜中の打ち上げだったにもかかわらず、見学

図0-03　「なでしこジャパン」のワールドカップ初優勝（2011年）

席にはたくさんの人々が陣取り、カウント「ゼロ」とともに星空を目指して上昇するロケットの勇姿に、大きなどよめきと感動が湧き起こりました。

　この日、天候は曇り、地上の風は南南東から1.4メートル、めざす火星の色を象徴するように、名機と謳われたミューVロケットは自ら吐き出す炎に照らされて、真っ赤な残照を送ってきました。この赤い光に導かれて、日本の宇宙科学は、惑星探査時代という新たな海に漕ぎ出したのです[図0-04]。

　その旅立ちの半年あまり前、1997年12月15日、鹿児島市のパレス・ホテルで開かれた記者会見の席上で、宇宙科学研究所（以下、宇宙研）は、「あなたの名前を火星へ」というキャンペーンを発表しました。

　1998年の1月と2月の2ヵ月間に、2センチ×6センチの四角に自分の名前を書いて宇宙研へ送ってくれれば、その自筆の名前を日本初の火星探査機「プラネットB」に載せて火星に届けます、というもの。翌日一斉に新聞やテレビで、このキャンペーンについての報道が流されました。

　「一体どれくらいの数の人が応募してくるのだろうか……？」

図0-04　ミューVロケットによる火星探査機「のぞみ」(プラネットB)打ち上げ(1998)

　宇宙研のスタッフは、キャンペーンの反響を不気味な期待を持って待ち受けました。神奈川県相模原市にある宇宙研の本部。かつて米軍淵野辺キャンプの通信基地があったところ。日本の宇宙科学の牙城です。

　キャンペーンを発表した翌日。宇宙研の本館2階にある庶務課の電話が朝からけたたましい呼び出し音を響かせ始めました。そしてこの部屋にある24個の電話は、終業時までひっきりなしに鳴り続けたのです。これが年明けに始まる嵐のような毎日の序幕となりました。このささやかなキャンペーンは、考えもしなかったほど多数の人々を火星探査に「参加」させ、宇宙研のわずか300人の職員に、てんてこ舞いの大騒動を巻き起こしました。

　ほとんどの人がハガキで応募してきました。その名前の記載されている2センチ×6センチの四角をハサミやカッターで切り取る作業は、結構手間がかかります。そしてそれを1枚1枚大きな台紙に貼り付けていきます。その台紙をさらにコピーしてから、写真に撮って金属に焼き付けて搭載するのです。したがって焼き付けた名前は非常に小さくなってしまうのですが、顕微鏡ルーペという機械

を使えば、拡大して見ることができます。

　「こんな消耗する仕事を誰が考えついたんだ」……それでなくても忙しい仕事を抱えている宇宙研の面々は、最初は不満たらたらでした。キャンペーンの言い出しっぺだった私は申し訳ない気持ちでいっぱいでした。ところが数日すると状況が変わってきました。みんなの整理作業への協力に積極性が見られるようになってきたのです。事情を探ってみると、その秘密は名前のそばに「ついでに」書いてある一人一人の応募者のメッセージにありました。これらの無数のメッセージには、日本の科学が遙かな惑星たちに探査の足を伸ばすことへの祝福と、より野心的で夢のあるプログラムへの渇望が渦巻いていました。

　ところでハガキの名前を切り抜きながら、このメッセージを読む宇宙研の職員たちが感じたのは、一人一人の国民の生活の何気ない側面に、「宇宙」とのつながりがいっぱい存在しているという事実です。今回のキャンペーンは、卒業記念とか闘病生活とか追悼心とか家族への愛情とか、一見火星探査と全く関係のない動機と宇宙科学を結びつけた点において、まさに画期的なトリガーとなりました。

　終わってみれば、このキャンペーンに応募した人の数は、27万人にも達しました。私たちの予想はせいぜい5000人か1万人くらいだったので、その数の多さに仰天してしまいました。

　寄せられたハガキに添えられているコメントを読んでいくうち、日本の人々がこんなに宇宙への憧れを持ち、自身の生活と宇宙が「きっかけさえあれば」素直に結びつくものなのだということが分かってきました。

　これらのコメントに記された想いの中には、ハガキを整理した宇宙研の人たちが涙なしには読めなかったものがたくさん含まれています。このキャンペーンを通じて、火星探査機を宇宙空間に送り出す宇宙研のスタッフと、それにさまざまな期待を託したみなさんとは、一筋の赤い糸でつながれたと信じています。みなさんの感動は

図0-05　応募した27万人の名前を焼き付けたアルミ板は火星探査機の下面に取り付けられた。

翻って職員の感動となりました。この27万人の人々の名前は、アルミ板に焼き付けられ、火星探査機の下面に取り付けられました［図0-05］。

あまり明るくないニュースばかりが報じられる昨今にあって、日本や世界全体から見ればささやかなキャンペーンの中に、21世紀を明るく夢見ようとする多くの健全な人たちの気持ちがこもっていることを、できるだけ大勢の人々に知ってほしいと願っています。27万人のみなさんのメッセージをとても全部は掲載できませんが、代表的なものだけでも読んでいただきたいと考え、それらを私なりに7つのカテゴリーに分類して、巻末「付章」に紹介しました。汲めども尽きぬ日本人のエネルギーを発見して、新しい日本の建設の歩みへの大いなる力にしていただきたいものです。

後日譚──人々の「のぞみ」と科学者が新たな惑星探査新時代にかける「のぞみ」を満載した火星探査機「プラネットB」は、軌道投入後、関係者の投票を基礎にして「のぞみ」と命名されました。残念ながら「のぞみ」は火星周回軌道に投入できず、現在も人工惑星となって太陽周回軌道にあります。こうしている今も太陽系を悠々と飛びつづけているのです。

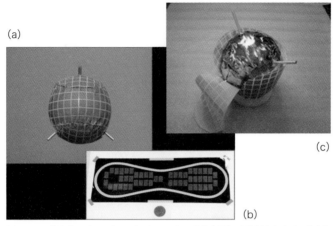

図0-06　「はやぶさ」のターゲットマーカー(a)表面の反射材をめくる(c)と
人々の名前が(b)のように貼ってある

　そしてこれを引き継いだミッション「はやぶさ」(初代)も、「星の王
子さまに会いに行きませんか」キャンペーンで再び人々の名前をつ
のり、驚くなかれ88万人の名前が129ヵ国から寄せられ、「はやぶ
さ」のターゲットマーカーの内側に貼られました[図0-06]。そしてさ
らに「はやぶさ2」にも18万人。「のぞみ」で作り出された宇宙ミッ
ションをめぐる熱気はこうして「はやぶさ」計画に引き継がれ、国民
の政府機関へのメッセージ、提言の形で具現化していったのです。

3　「はやぶさ2」の復活と旅のはじまり

　初代「はやぶさ」が6月に内之浦から発射された2003年の秋、日
本の宇宙3機関(宇宙開発事業団、宇宙科学研究所、航空宇宙技術研究所)が統
合されて単一の宇宙機関JAXA(宇宙航空研究開発機構)が設立されまし
た。その前後の事情やJAXAという名称をめぐるエピソードは**参考
文献[1]**を参照してください。

　この統合に伴って宇宙開発の主導権が内閣府に移ったことが、日
本の宇宙開発の進め方に大きな影響を持つようになりました。その

込み入った事情を乗り切って「次世代小惑星探査機」が「はやぶさ2」プロジェクトとして復活し、力強い鼓動を取り戻しました。

　その復活までの屈折したプロセスをここでたどることはしませんが、大いに力となったのが、要求予算の数分の1の予算で始まった初代「はやぶさ」チームの死闘、それを心から後押ししてくれた官僚の方々、全力を挙げて応援してくれたジャーナリズム、そして何よりも初代「はやぶさ」の旅路を忙しい日々の生活の中で喜びと悲しみを共有しながら応援し続けた無数の人々の声であったことを、私自身は肌身に感じています。この共感を呼び起こそうと努力する姿勢が、活動の主体にある限り、未来にも「宇宙」は人々とともにあるでしょう。

　もちろん初代「はやぶさ」がなしとげた世界初の小惑星サンプルリターンとその死闘の7年間は、同じ時代に生きた多くの人々の記憶に残る事件となりました。しかし何よりも大事なことは、その目撃者である国民のみなさんが、後継機である「はやぶさ2」の復活に大きな声援を送ってくれたことです。「はやぶさ2」のチームはそのことを心の底から感じながらミッションを遂行していることを、ここにご報告しておきます。

　そして、巷では「はやぶさ」帰還の感動の余韻が醒めやらぬ2014年12月3日、H‐ⅡAロケットに搭載され、国民の後押しを受けて復活した小惑星探査の後継機「はやぶさ2」が、鹿児島県の種子島宇宙センターを後にしました[図0-07]。

　「はやぶさ2」は、すぐには目指すコースには入らず、まず1年かけて太陽を周回し、地球のそばを通るコースをとりました。これは搭載しているロケットエンジンで軌道を変えるのではなく、地球の公転速度と引力を使って加速しながらコースを変える「スウィングバイ」と呼ばれる省エネルギー航法です。「はやぶさ2」は、打ち上げの1年後、2015年12月3日にこのスウィングバイを成功させ、

図0-07　H-ⅡAロケットによる「はやぶさ2」打ち上げ（2014年12月3日、種子島宇宙センター）、「はやぶさ2」（飛行想像図：池下章裕）

小惑星「リュウグウ」に向かうコースに入りました。その後はイオンエンジンを断続的に噴射して速度を上げ、太陽を2周しながら目標の小惑星「リュウグウ」に徐々に近づいていきます［図0-08］。

　実は、「はやぶさ2」がお世話になっているロケットエンジンは3種類［図0-09］。

　第一は打ち上げの時に使ったH-ⅡAロケット。言わずと知れた日本の主力ロケットで、液体水素／液体酸素という組み合わせの1段目の推進剤100トンを、わずか6分半で燃やしてしまいます。第二は、宇宙空間をソフトウェアの描く道筋に沿って「はやぶさ2」を導いていくイオンエンジン。そして第三は、折に触れて「はやぶさ2」の宇宙空間での姿勢(向き)を調整するためのガスジェット。これは探査機体内の12ヵ所に装備してある「小さなおなら」ですね。噴射の出口も12個あります。

　起源をたずねれば戦争の道具だった「ロケット」という飛び道具を、

11

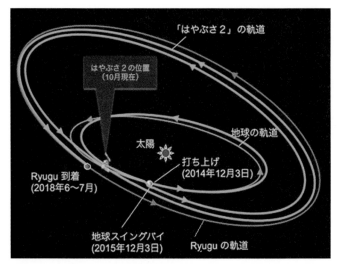

図0-08 「はやぶさ2」の軌道計画

人類が宇宙へ飛び出す手段として「再発見」したのは、ほんの100年あまり前のことです。その原動力となった孤独な人ツィオルコフスキー[図0-10]の一生を最近一冊の本にまとめました。若いころから私がどうしても死ぬまでに書きたいと思っていた本です[参考文献[2]]。

　その手段が見つかると、人類は、長年の夢の舞台へ一挙に駆け上り、史上はじめての「宇宙時代」を実現していきました。1969年7月のアポロ11号の月面着陸。日本も遅まきながらその翌年に初の人工衛星「おおすみ」を軌道へ送りました。

　あれから半世紀。日本の宇宙への挑戦は、人類の保有する宇宙行きの手段を次々と習得し、改良を加え、いくつもの「世界初」を作り上げてきています。その一例が「はやぶさ」「はやぶさ2」の主役であるイオンエンジンです。

　さあそれでは、そのイオンエンジンに導かれて快調な滑り出しを見せている「はやぶさ2」の旅の途上から、私の新「喜・怒・哀・楽

1　打ち上げロケットH-ⅡA

2　航行用イオンエンジン

3　制御用化学ロケット（12基）

図0-09　「はやぶさ2」に関係する3種のロケットエンジン

の宇宙日記」をひらきましょう。「はやぶさ2」の旅路を、時々は世界の他のトピックにも寄り道しながら、みなさんと一緒に楽しく気合いを入れて綴っていきます。

図0-10　ツィオルコフスキー

第1章
リュウグウ到着までの旅

点滴穿石

晨夜兼道

順調に飛行する「はやぶさ2」
――イオンエンジンの大健闘

　「はやぶさ2」を宇宙で加速し続けているのは、イオンエンジンです。推力は小さいので打ち上げには使えませんが、ひとたび軌道に乗れば、通常の化学ロケットの10倍の燃費を持つイオンエンジンが、粘り強く「はやぶさ2」を目的地まで導いてくれます。もちろんその陰には、その運転の仕方をプログラムしている膨大なソフトウェアのめざましい働きがあるのですが……。

　みなさんの家庭にある電子レンジと同じマイクロ波の照射という方式を活用してキセノンをイオン化し、電場で加速して噴射するマイクロ波放電式のイオンエンジン――これは日本が独自に開発した独創的なシステムで、初代「はやぶさ」が世界で初めて惑星間飛行に適用して大成功を収めました[図1-01]。

　初代「はやぶさ」と「はやぶさ2」のイオンエンジンの違いについてよく質問を受けます。本質的な違いはありません。推力が8ミリニュートンから12ミリニュートンに増えたとか、部品の一部は日本で作れるようにしたとか、性能や耐久性も増したとか、いくつか改良が加えられました。その改良の陰に、関係者の「聞くも涙の物語」が必ずあるに違いありません。それはまた時とともに明らかにされていくものでしょう。

　「はやぶさ2」に乗っているイオンエンジンの推力は、みなさんの目の前にある紙っぺらにフッと息を吹きかければ動く程度――わずか1グラムくらいのものを持ち上げることができるレベルです。だから3基のイオンエンジンが噴いているときは、3人の人が息を一緒に吹きかけていると思えばいいわけですね。

　はい、では家族のみなさんが3人で一緒に紙に息を吹きかけて、……。あ、もうやめたんですか。すぐにやめないで2年半のあいだ

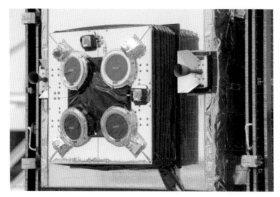

図1-01　「はやぶさ2」のイオンエンジン

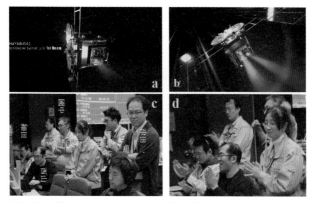

図1-02　「はやぶさ2」のイオンエンジンの始動

吹き続けてくれれば、「はやぶさ2」の体を地球のそばから今の宇宙空間の位置まで連れて来ることができるのですがねえ（笑）。

　「チリも積もれば山となる」……イオンエンジンはそのような性質のロケットエンジンですね。そうやって後押しされて、「はやぶさ2」がいま辿り着いている場所は、どんなところなのでしょうか？　思えば遠くへ来たもんだ……。

　そう、『思えば遠くへ来たもんだ……』そんな歌がありましたね。

海援隊でしたか。これは確か、国鉄の全国キャンペーンのために作られたと聞いたけど、同じころに谷村新司さんが作った『いい日旅立ち』の方がキャンペーンには採用されたとか。初代「はやぶさ」の打ち上げのために漁業交渉に行った際、土佐の漁師さんから聞きました。どちらも「はやぶさ」にはトーンが合ういい曲だと思います。本書には関係ないですが。

「はやぶさ2」のイオンエンジン始動のころ
——細田聡史さんのこと

　「はやぶさ2」チームでイオンエンジンを担当している細田聡史さんは、才能・情熱豊かなナイス・ガイです。彼は初代「はやぶさ」の頃からイオンエンジンに取り組んでいる人で、「はやぶさ2」を打ち上げた当時の思い出を語ってくれたことがあります。

　2014年12月3日にH-ⅡAロケットによって軌道に入った「はやぶさ2」は、その20日後の12月23日、イオンエンジン（μ10: ミュー・テン）運転の初日を迎えました。自分が手掛けたエンジンが作動するかどうかは、全く本人でないと分からない心配事です。まずはこの日、1基のイオンエンジンが無事に噴射[図1-02a]、そして年が明けて2015年1月16日、3基の噴射に成功[図1-02b]。しかしこれで終わりません。胸を撫で下ろすには、1月19日の24時間手放し（自律）運転の成功が必要でした。

　図1-02cには、成功前の管制室に陣取る細田聡史さんの本当に心配でたまらない表情が見えます。すぐ後ろにボスの國中さん、向かって右にイオンエンジン・マネジャーの西山さん、右端には「はやぶさ2」プロジェクト・マネジャーの津田さんまで顔を出しています。この深刻な顔々が、このイオンエンジンの動き始めの大切さを物語っていますね。

　そして19日の最後の関門を突破した瞬間の**図1-02d**は、國中さんのガッツポーズ、西山さんの拍手の中で、細田さんのこみあげてくる喜びが読み取れると思います。あまりにホッとして体中の力が抜けたような細田さんの心の中がよく伝わってくる写真だと思いますね。その気持ち、私にはよく分かります。思わずこの写真に向かって、おめでとう！と声をかけたくなってしまいます。この日、「はやぶさ2」チームは、初代「はやぶさ」以来初めて、再びイオンエンジンシステムを、しっかりとその手にしたのです。

2017年4月20日
ラグランジュ点にいる「はやぶさ2」

　はやいもので、あのイオンエンジン感動のファーストビームから2年半の月日が経過しました。搭載したイオンエンジンは快調な働きを見せ、膨大なソフトウェアと連携しつつ、加速と減速を巧みに繰り返しながら、「はやぶさ2」の予定した旅路の導きとなってきています。

　図1-03は、「はやぶさ2」と地球の2017年4月10日の位置を示したものです。太陽・地球・「はやぶさ2」がちょうど正三角形を作る位置に来ていることが分かります。そして、「はやぶさ2」が地球の公転方向の後ろ側にいますね。いま「はやぶさ2」がいるのは、太陽と地球の「L5点」と呼ばれている非常に特殊な位置です。その間にある丸い点は目指す小惑星リュウグウの位置ですね。

　ところでL5点といっても、何のことかわからない人もいるでしょうね。これは新聞紙上にも時々登場する「ラグランジュ点」の一つです。天文学や宇宙開発では大切な役割を演じているので、知っていて損はないでしょう。後で時間のあるときに、本文の後に用意した**閑話休題1**を読んでください。そう言えば、ラグランジュ点は、『機動戦士ガンダム』にも出てきますよ。その絶妙の位置の利用の一

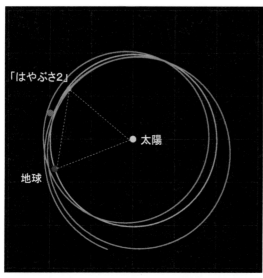

図1-03 2017年4月10日現在の「はやぶさ2」の位置

例についても、**閑話休題2**に紹介しました。

ラグランジュ点にある物体に働く力は、全体として釣り合っているので「心地よい」ところなんですね。だからこの辺りには小さな物体がうようよと集まってくる傾向があります。たとえば**閑話休題1**に紹介した太陽─木星を「親天体」にするL4、L5には、「トロヤ群小惑星」のグループが屯しているのですが、いま「はやぶさ2」のいる太陽─地球を「親」とするL5点にも小さな天体がいっぱいいるでしょうかねえ。

2017年5月3日
ラグランジュ点に「はやぶさ2」の カメラを向けてみた

イオンエンジンの運用が、往路の後半に入って少し余裕ができたので、「はやぶさ2」に搭載した望遠カメラ(ONC-T)でL5点付近を撮像してみようということになりました。ONC-Tはリュウグウを近距離で撮影するのが目的のカメラなので、暗い天体の撮影は無理なのですが、仮に探査機から30万キロ以内に直径が100メートルくらいの小惑星があれば撮影は可能です。

　計算してみると、L5点付近にあって大きさが100メートルより大きいものは地上観測で発見されてしまっている可能性が高いです。つまり、新発見の天体だとすると100メートルかそれ以下になるだろうから、そういうターゲットを狙おうというわけでした。

　しかし、小惑星とみられる天体は、残念ながら映っていませんでした。貴重なチャンスを逃してなるものかという気持ちでシャッターを切ったのですが、残念。しかし、

──「探査機を運用し、解析する科学メンバーの連携を深める訓練としては、非常にいい経験になった」

　これは、「はやぶさ2」プロジェクト・マネジャーを務める津田雄一さんの「負け惜しみ」の弁。とはいえ、確かにカメラの性能テストだけではなく、カメラを使うメンバーの運用訓練にもなっていたわけです。ミッション成功を担うプロマネとして模範となる、ポジティブ志向にしてポジティブ思考。さすがにただでは転ばない！

2017年7月26日

リュウグウ到着まであと 1 年

　「はやぶさ2」は、現在地球から（直線距離で）約1億8300万キロ、電波で約600秒かかるところを航行中です。ターゲットの小惑星リュウグウまでの距離は約2900万キロ。計画によれば、地球を発ってから帰還するまでの総飛行距離は52億キロですから、これまでの飛行距離24億キロは、だいたい「道半ば」という感じでしょうか。

　5月16、17日には木星の撮影に成功しました。撮影した画像は光の点でしかありませんが、写った画像から波長・明るさ・色などを分析し、既に分かっている木星の観測データと比較しながらカメラの調整をしたそうです。まったく、活かせるものは何でも活かす、たくましい精神ですね。

　JAXAが公表したスケジュール案によると、「はやぶさ2」は2018

年6～7月にリュウグウに到着し、同年11月に最初のタッチダウン（着陸・着地）に挑戦。その後、2019年にできれば2度の着陸を試み、そのうち1回はインパクター（衝突装置）で人工的に作ったクレーターに着陸して、小惑星の内部物質を採取したいということです。

　「はやぶさ2」が往路にイオンエンジンを運転する約7000時間のうち、今までの合計で、すでに約3900時間の運転が終わっています。今年の末か来年初頭あたりに、これまでで最長の連続運転（半年くらい）がやってきます。往路最後の難関をくぐりぬけるために、チームの奮闘が望まれます。

2017年8月28日
「はやぶさ2」を導く「イオンエンジン」

　「ロケットは大きなおならだ」とある雑誌に書いて、読者の一人から「品がない」とお叱りを受けたことがあります。誰もが経験する事柄なら分かりやすいと思って書いたのですがね……。

　ロケットの原理は「作用反作用」で説明する人が多いようですね。まあそれでいいのですが、ちょっと誤解を招きやすいのです。その「作用」をロケットの噴射ガスが「空気を蹴り」、その反作用として「空気から力をもらって推進力にする」と受け取る人も多いのでね。その誤解が近代ロケットの父ロバート・ゴダードとニューヨーク・タイムズ社の有名な仲たがいの原因になったことは有名です。興味のある人は読んでみてください[参考文献[3]]。

　さて、「はやぶさ2」の推進力をメインエンジンとして受け持っているのは、言うまでもなく「イオンエンジン」です。みなさんが普通に思い浮かべるロケットエンジンは、地上からの打ち上げに使う大型のエンジンでしょうね。これは「化学ロケット」と言って、燃料と酸化剤の化学反応で生じたガスをお尻から高速で噴射して、その「おなら」の反動で前向きの力を得ます。その「下品な」力が「推力」で

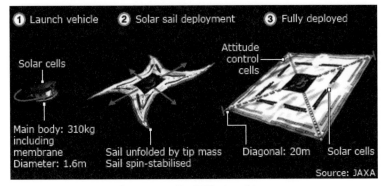

図1-04　ソーラーセイル「イカロス」の帆の展開メカニズム

すね。

　イオンエンジンも噴射ガスの反動で前向きの力を得ることは変わらないので、ロケットエンジンの一種ではあるのですが、その噴射ガスを生み出すのが、化学反応ではなくて、電気的な性質のものであるところが異なります。「電気推進」と呼んで、私が若いころは、原子力推進・レーザー推進・ソーラーセイル・光子ロケットなどと並ぶ「未来の夢のロケット」の一種でした。

　このうちの「ソーラーセイル」は2010年に打ち上げた日本の「イカロス」[図1-04]が世界に先駆けてついに成功させましたし、「イオンエンジン」を惑星間飛行で実用の域まで持っていったのは、初代「はやぶさ」の功績ですね。日本の技術者の先進性は世界も認める素晴らしいものがあります。「イカロス」ミッションについて興味があれば**参考文献[4]**をどうぞ。

　さて、本書の主役であるイオンエンジンについて、難しい理屈は抜いて説明しておきましょう。イオンエンジンは、キセノン、セシウム、ヨウ素などの物質を電気の力でプラスイオンに変え、それをまず静電場で加速して高速のビームを作って噴き出します[図1-05]。その際、プラスのイオンばかり噴射すると、もともと中性だった探

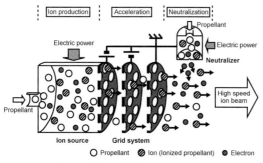

Ion production | Acceleration | Neutralization

Electric power

Propellant

Electric power

Neutralizer

Propellant

High speed ion beam

Ion source

Grid system

○ Propellant　◎ Ion (Ionized propellant)　● Electron

図1-05　イオンエンジンの原理

査機の体がマイナスになってしまって、せっかく出したプラスイオンを後ろから引っ張ってしまいます。だからプラスのイオンを噴き出すのと同期させて、マイナスの電気、つまりエレクトロン（電子）を「中和器」と名づけた出口から噴いて合流させます。最終的には高速のプラズマビームの「中性のおなら」（また下品！）として噴射して、その反動で推力を得るのです。

　ロケットによる加速は、噴きだすガスの速度が速いほど効率よく行われます。「はやぶさ」も「はやぶさ2」もイオンエンジンに使っている推進剤はキセノンですが、噴き出すイオンの速度が普通の化学エンジンの10倍くらい速いのです。ただし一気に噴き出すガスの量が少ないので、推力自体は小さく、重力に打ち克つための打ち上げロケットには使えないのですが、噴射スピードの凄さのおかげで、いわゆる「燃費」が格段に高いわけです。ということは、長い時間運転すればするほどその威力が発揮されます。

　「地上からの打ち上げには化学ロケット、軌道に乗ってしまえば、遠くへ旅をするならイオンエンジン」というのが、「はやぶさ」以来の常識になってきました。「はやぶさ2」のこれからの順調な飛行も、イオンエンジンあってこそですね。

　何か異変があれば報告しますが、順調に飛行を続けている「はやぶさ2」。しばらくは、静観することにしましょう。この日記も「はやぶさ2」についてはちょっとお休みです。

新年明けましておめでとうございます

　いきなりですが、みなさん、明けましておめでとうございます。いよいよ「はやぶさ2」がリュウグウに到着する2018年が始まりました。

　お正月はいかがでしたか。年末年始の迎え方にはいろいろあるもので、昨年暮れに「しきさい」と「つばめ」という2機の衛星を鹿児島県の種子島宇宙センターから打ち上げた［図1-06］チームのメンバーのように、地球上で忙しく過ごした人たちもいれば、金井宣茂宇宙飛行士のように、故郷・地球から遠く離れて国際宇宙ステーション(ISS)で迎えた人もいるんですね［図1-07］。来る1月17日には、まるで新年を寿ぐ祝砲のように、鹿児島県の内之浦宇宙空間観測所からイプシロン・ロケット3号機が打ち上げられます。

　宇宙開発の現場にいると、スケジュールが、ロケットとか衛星とか探査機の都合に振り回されますから、なかなか自分の自由なプランで生活することにはなりません。年末に家族と離れて地上燃焼試

図1-06　「しきさい」「つばめ」を搭載して打ち上げたH-ⅡAロケット(種子島宇宙センター)

図1-07　ISS内の金井宣茂宇宙飛行士

験や発射場での打ち上げ準備をしていたりしますからね。

　ひと昔前はね、一回の出張期間が結構長かったんです。それでね、私のいた宇宙科学研究所でも、秋田へ燃焼実験に出かけた足ですぐに鹿児島のロケット発射に向かったりしました。何十人もの人が団体で移動することになるわけです。すると、東京の家族のところにいる時間帯（といない時間帯）が共通になりますよね。だから、「子どもの生まれ月が同じころになる」というような「笑い話」がよく話題になっていました。

　さて来年2019年は、あのアポロ11号の月面着陸[図1-08]から数えて半世紀（50年）の節目の年となります。そしてその人類の有人宇宙飛行は、2024年の国際宇宙ステーション（ISS）[図1-09]の引退予定を控えて、「月から火星へ」という次の筋書きがクローズアップされてきています。3月には東京で、第二回国際宇宙探査フォーラム（ISEF2）が開催され、世界中の閣僚や宇宙機関の最高幹部が一堂に会して、ISS以後の国際協力について話し合います。

　日本とヨーロッパが共同で進めている水星探査計画「ベピコロンボ」の探査機は、10月に打ち上げられます[図1-10]。これまで人類があまり探査してこなかった「知られざる惑星」水星の探査機。惑星探査機としては珍しく2機構成で、1機は水星の表面や内部を調べる「水星表面探査機」（MPO）、もう1機は水星の磁気圏を調べる「水星磁

気圏探査機」(MMO)で
す。MPOはヨーロッ
パが開発し、MMOは
日本が開発しました。

　そして今年もISS補
給船「こうのとり」が荷
物を積んで出発します。
地球観測についても、
温室効果ガスの観測・
分析で世界をリードし
ている日本には、世界
から大きな期待が寄せ

図1-08　月面に立つオルドリン(アポロ11号)

られています。新型ロケットH3の開発も、地上燃焼試験などが本
格化していきます。その1段目エンジン「LE-9」[図1-11]の轟が種子島
に響き渡る日が楽しみですね。

　そして本題です。いよいよ今年の夏には、2014年に打ち上げら
れた「はやぶさ2」が、小惑星リュウグウに到着します。接近観測・
降下・着陸・サンプル採取など、すべてにわたって複雑で難しいオ
ペレーションを、チームがいかに切り抜けていくか、わくわくする
ようなストーリーが展開されることでしょう。楽しみですね。

2018年1月25日
「はやぶさ2」連続噴射開始
──6月下旬にリュウグウ到着

　さる1月10日、「はやぶさ2」が、ターゲットの小惑星リュウグウ
到着に向けてイオンエンジンの連続噴射を始めました。「はやぶさ
2」は現在リュウグウまで残り約277万キロメートル。万が一エン
ジンが正常に動かないと到着が遅れたり、たどり着けなくなったり

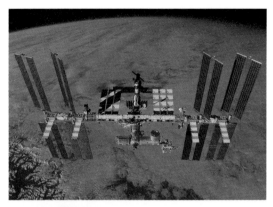

図1-09　国際宇宙ステーション

図1-10　日欧共同の水星探査ミッション「ベピコロンボ」

する可能性もありますが、順調なら、今年6月下旬にリュウグウの上空20キロメートルに達し、そこを拠点として、約1年半にわたって、表面の観測や岩石の採取などの作業に取り組みます。

「はやぶさ2」のお兄さんである初代「はやぶさ」の場合、目的の小惑星イトカワに到着するまでは非常に順調でしたが、着いた後で次々と災難や事故に見舞われました。「はやぶさ2」も、これまでは順調すぎるくらい順調でしたが、いよいよ正念場を迎え、チームは油断なく態勢を整えています。

リュウグウという小惑星は、直径約900メートルのほぼ球形をしていると考えられていますが、実は、形や大きさが正確に分かっていないので、接近しながら撮影して明らかにしていきます。小さな天体なので、打ち上げるときには「点」に見えているんですね。近くに着くと、その表面の観測を行い、ランデブーや周回飛行をしながら「はやぶさ」の時に取得したような精密画像[図1-12]を全表面にわたって獲得していきます。同時に、さまざまな手段でリュウグウの

28

重力の分布なども徹底的に調べていきます。

　表面は一体どんな様子なんでしょうね。チームとしては、「たぶん岩石がごろごろしているだろうけど、100メートルくらいの広場があれば着陸ができるんだけどなあ」ということです。サンプル採取に適した場所を発見し、その中から着陸地点を決めたら、表面に降りてサンプルを収集するクライマックスを迎えます。何度タッチダウンするかは今のところ未定ですが、2度目か3度目の降下の際に、大きな衝突装置を発射して、

図1-11　H3ロケットのLE-9エンジン

リュウグウ表面に人工のクレーターを作るという野心的な試みに挑みます。

　人工クレーターができると、そのときのショックで小惑星内部の物質が表面に繰り出されるので、数十億年のあいだ太陽系空間に露出したことのない原初物質を、「はやぶさ2」がタッチダウンして採取できると、この上ない分析資料になるのですが……。まあ何を言っても、現在の段階では「とらぬ狸のなんとやら」ですが。とりあえずは、到着した直後の課題は、着陸に適した地点を探すことでしょうね。

2018年5月20日
「はやぶさ2」をリュウグウへ導く人々

　5月11日から14日にかけて、「はやぶさ2」に搭載されている「ス

図1-12　初代「はやぶさ」がとらえた小惑星イトカワの表面

タートラッカー」というカメラ[図1-13]でリュウグウの撮影をしました。もちろんイオンエンジンは、「はやぶさ2」の生死に関わる大切なエンジンですが、イオンエンジンさえ噴かしていればリュウグウに到着するわけではありません。

　5月20日現在、「はやぶさ2」は地球から約2億8700万キロ[図1-14]、リュウグウからは約4万キロのところにいる[図1-15]のですが、厄介なことに、リュウグウの大きさがまだ正確には分かっていません。まあでも直径900メートル程度だろうと推定はされています。つまり、地球から約3億キロの900メートルという割合は、2万キロ先（つまり地球の裏側）を狙えば、6センチに相当します。日本からブラジルにある6センチのターゲットを射当てるには、やはりエンジンを噴かしていれば自然に着くというわけにはいきませんよね。

　「航法」という技術が必要となる所以です。惑星探査機の軌道は、従来は電波による通信を活用するRARR（レンジ・アンド・レンジレート）という方法で推定していました。これだと、3億キロ彼方の探査機の軌道を推定すると、位置誤差が300キロくらいになってしまうんです。これではとてもリュウグウに到着できませんね。

　そこで2つのアンテナで同時に「はやぶさ2」と通信をして探査機の軌道を推定するVLBI（超長基線電波干渉計）という手法も使えます。

これだと、クェーサーと呼ばれる電波星も併せて利用すれば、3億キロ彼方の精度を数キロ程度にまで上げられます。でもこれでも不足なのです。そこで、初代「はやぶさ」では、探査機自身のカメラでイトカワを撮影し、

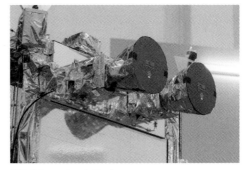

図1-13　スタートラッカー

背景に一緒に写っている恒星の位置からイトカワの見える方向を正確に計測し、その情報と電波追跡のデータとを組み合わせることによって、イトカワの位置を極端に絞り込むという離れ技を作り上げました［図1-16］。称して「光学電波複合航法」。

　「はやぶさ2」もこの初代「はやぶさ」の創造した独創的な方法で、リュウグウへの接近のフィナーレをやりとげるのです。

　ただし、現在はイオンエンジンを噴いているので、航法の結果がイオンエンジンの影響を受けます。6月初めにはイオンエンジンの運用も終わるので、スタートラッカーの粗い精度ではなく、光学航法カメラ（ONC）によるより精密な航法を開始できます。この航法により、確実にリュウグウに到着すると信じています。

`2018年6月16日`

「はやぶさ2」のラストスパート
——リュウグウまで750キロ

　探査機「はやぶさ2」が、小惑星「リュウグウ」へのアプローチのラストスパートに入っています。6月14日現在、到着まであと750キロの距離まで迫り、こうしている間もどんどん目標に近づいていま

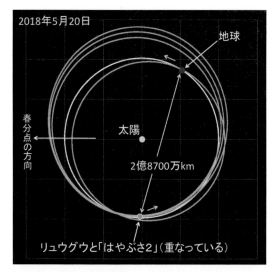

2018年5月20日

地球

太陽

2億8700万km

春分点の方向

リュウグウと「はやぶさ2」（重なっている）

図1-14　5月20日の位置

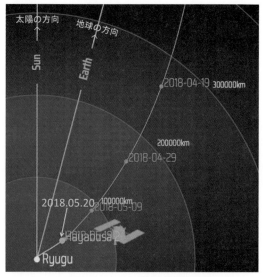

太陽の方向

地球の方向

Sun

Earth

2018-04-19 300000km

200000km

2018-04-29

2018.05.20 100000km 2018-05-09

Hayabusa2

Ryugu

図1-15　「はやぶさ2」とリュウグウの現在の相対位置

すよ。

　「はやぶさ2」は、今年の1月10日から往路最後のイオンエンジンの長期運転を行い、6月3日に無事終了。往路でイオンエンジンを噴かした時間は約6500時間、すべてのエンジンの運転時間の合計は約1万8000時間に達しました。でも使われた燃料のキセノンはわずか24キログラム！

　イオンエンジンがいかに燃費のすぐれたものかが分かります。キセノンはまだ「はやぶさ2」のタンクには42キログラムも残っています。順調な飛行を物語っていますね。

　これからは、よ

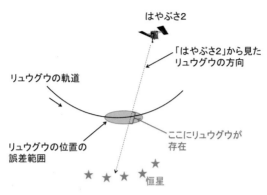

図1-16　光学電波複合航法

り精度の高いカメラを使った独創的な「光学電波複合航法」によって、精密に「はやぶさ2」を誘導し、6月27日には、リュウグウの上空20キロの高度に達する予定。そこから搭載機器のチェックを念入りに行い、いよいよ1年半にわたるスケジュールに入ります。初代「はやぶさ」では、到着から出発まで3ヵ月しかなかったので、今回はもっと徹底的に小惑星を調べられますね。

　その「はやぶさ2」をリュウグウへ導く人々は、「はやぶさ2」ミッションでは「OPNAV（オーピーナヴ）」と呼ばれているそうです。まず「航法チーム」がリュウグウの位置データと電波航法によるデータから探査機とリュウグウの軌道を推定します。推定された軌道は「誘導チーム」に送られます。誘導チームは今後の探査機の軌道を設計します。この航法チームと誘導チームが、"OPNAVな人々"です［図1-17］。

　「はやぶさ」が訪れたのは岩石だらけの小惑星イトカワでした。「はやぶさ2」のターゲットであるリュウグウは、もちろん岩石だらけながら、水や有機物を含む物質があるらしいので、太陽系と生命の関係について、貴重な示唆をもたらすサンプルを採取して帰還してほしいですね。まだこれからが大変な「はやぶさ2」──2020年

の東京オリンピックの年にオーストラリア上空に姿を現す日まで、この日記でも追いかけながらたびたび報告します。

2018年6月30日
「はやぶさ2」ついに リュウグウ上空に到着！

　小惑星サンプルリターン機「はやぶさ2」は、小惑星の地下の物質を持ち帰る世界初の探査に挑む探査機です。3年半前に地球を出発し、32億キロに及ぶ長旅を続けてきましたが、さる6月27日、ついに目的地である小惑星リュウグウの上空20キロに到着しました。神奈川県相模原市のJAXA宇宙科学研究所キャンパスにある「はやぶさ2」管制室も大いに沸き立ちました[図1-18]。まずは一山越えて、みんないい顔をしていますね。

　宇宙探査ミッションは、大小さまざまな喜怒哀楽の連続から成り立っています。これまでの「はやぶさ2」にも、苦しみはもちろん小さな喜びもたくさんあったに違いありませんが、それらは一人一人が自分の持ち場で密かに感じたことが大部分。そんな無数の小さな喜怒哀楽の流れが、いま「リュウグウ到着」という全員が達成した一つの「泉」に流れ込んだのです。宇宙の団体戦の応えられない達成感。一里塚ではありますが、おめでとう。でもこれからが本番だね。みんなで力を合わせて頑張れよ！

　6月に入ってエンジンを逆噴射して軌道を修正する作業を段階的に実施し、減速しながらリュウグウに接近、27日に最後の逆噴射を行って、上空20キロの位置に停止させました。やっと目的地の「空港」に到着したのです。

　チームはすでにさる6月18〜20日、100〜330キロ離れたところから撮影した小惑星リュウグウの写真を公開し[図1-19]、さらに

30日に上空約20キロから捉えた最新の画像も発表しました[図1-20]。この形には驚きましたね。リュウグウは、そろばんの玉のように赤道付近が大きく張り出して複数のクレーターがあり、ごつごつとした岩の塊のようなものがいくつも確認できます。リュウグウの体は、予想通りほぼ900キロメートルくらいの大きさのようです。地球とは逆まわりに周期約7時間半で自転しています。自転軸が公転面に垂直なので、これから1年半にわたる詳細な滞在計画も非常に立てやすいと思われます。図の画像は、搭載した3台の重要なカメラ[図1-21]のうち、望遠カメラ(ONC-T)で撮ったものです。これから続々と解像度の高い撮影がなされるでしょう。

　搭載機器のチェック、より正確な軌道の決定、小惑星自体の物理的性質の詳細な把握──準備的にやることは目白押しですが、何と言っても次に控える最大の課題は、これから詳しい地形や重力を観測・測定して着地場所を選び出す作業。岩の塊がかなり多いようだから、どこに降りてサンプルを採取すればいいか、選定は難航しそうですね。

　生命の材料である有機物や水は、小惑星が地球に衝突することで運ばれたという仮説があり、到着したリュウグウには有機物などが豊富に存在するので、世界中の科学者がその帰還を待ち望んでいます。まだいくつもの山場が控えている「はやぶさ2」──みんなで精いっぱい励ますことにしましょう。

　小惑星というのは、水・金・地・火・木……という一連の惑星に比べて、私の小さい頃には地味な存在でした。でも今は世界の太陽系探査の主役の一つに躍り出ています。その辺の事情を、**閑話休題3、4、5**に書いておきます。「はやぶさ」や「はやぶさ2」がなぜそんな小さな天体をめざすのかも、そこでいつか読んでおいてくださいね。

図1-17　OPNAVな人びと

2018年7月10日
初代「はやぶさ」の管制室の思い出

　やっと目的地に到着して喜んでいるチームの面々、とりわけプロジェクト・マネジャーの津田雄一さんの顔を眺めていて、ふと10年以上も前のことを思い出しました。今の「はやぶさ2管制室」は、模様替えはしていますが、その10年以上前の「はやぶさ管制室」です。あの頃、初代「はやぶさ」にはいろいろと厄介な問題が頻出して、管制室を動き回っているとき、片隅にちょこんと行儀よく座っている青年がいました。

　近寄って声を掛けました――「やあ、津田君。ここにいるのか。君、いくつになった？」彼はにっこりと人懐っこい笑顔を浮かべて「30です」と元気に答えました。その瞬間、そのずっと前の頃のことが私の頭をよぎりました――「30歳か。いいなあ若くて。ボクも、最初の"おおすみ"のときは27歳だったんだけどねえ。津田君も若

図1-18　リュウグウ到着を喜ぶ「はやぶさ2」チーム

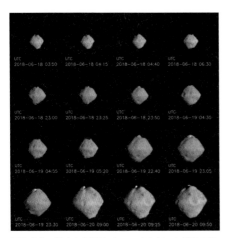

図1-19　徐々に鮮明になってきたリュウグウの姿

図1-20　リュウグウの最新画像

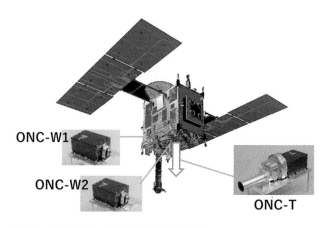

図1-21 「はやぶさ2」に搭載した3つのカメラ

い時にこんなに刺激的なミッションに参加できてよかったね」

　津田君が再び元気に「ハイっ」と言いました。そして私はそのすぐ後で言わなければよかったと思うひとことを口にしたのです——「これがピークじゃないといいな」。また津田君が答えました——「ハイっ」。何て爽やかな青年だろう。私の強い印象でした。それにしても、今考えると、何と私の発言はピント外れだったんでしょう。

　津田君の指導教官だった川口淳一郎君は、そのころすでに津田君の素晴らしい人柄と才能に気づいていたに違いありませんし、津田君自身も、「はやぶさ」の先をしっかりと見据えていたのでしょう。赤面ものの私のささやかな思い出。この場を借りて、津田雄一プロマネにお詫び申し上げます。

どこに着陸しようか……
―――最初に出くわした難題

披荊斬棘

青天霹靂

どのように観測していくか

　さて、やってきました竜宮城。人類がはじめて到達した宇宙の小さな島。これが大航海時代の探検家、たとえばキャプテン・クックなら、すぐに「クック島」なんて名前をつけるのでしょうが、この宇宙の島には、すでに「リュウグウ」という名前がつけられています。「漂着」した島では、みなさんなら何をしますか?

　「はやぶさ2」チームは、まず自分の根拠地をリュウグウの上空2万メートル(20キロ)に定め、ホームポジションとしました。まず島の様子を詳しく知りたいのですが、ただ闇雲に思いつきで観測するという方法では、系統的にデータを集められません。「はやぶさ2」チームは、「BOX運用」という考え方を採用することにしました[図2-01]。ホームポジションがリュウグウの上空20キロメートル(2万メートル)であることは変わりありません。この位置にいてホバリングしながら観測をつづけるのがBOX-A運用。BOX-Bは、高度はBOX-Aと同じですが、前後左右に±10キロメートルまで移動する範囲です。そしてBOX-Cは前後左右はBOX-Aと同じですが、高

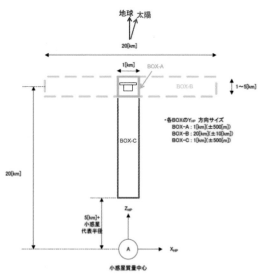

図2-01　BOX運用の概念図

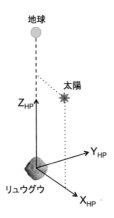

図2-02　ホームポジション座標系

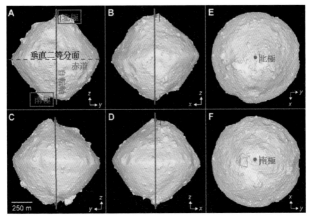

図2-03　リュウグウの南極と北極

度を5キロくらいまで下げたところまで含む領域です。

　なお、ここでの座標系はプロジェクトで定義しているホームポ
ジション座標系というものですが、定義は**図2-02**をご覧ください。
重要な点は、Z軸は常に小惑星から地球方向を指すものになってい
るということです。

ただし、リュウグウの表面にも「地名」をつけておかないと不便ですね。その地名をつける作業は、厄介ですが楽しい仕事です。基本的にはチームがいろいろな名前を提案して、国際天文連合という組織の承認をもらいます。チームが、みんなに親しみやすい名前、チームにとって思い出深い名前、歴史上の人物などなど、そのうち話し合いを重ねて、いい命名をしてくれることを期待しましょう。

　ただし、何をおいてもまず、リュウグウの表面の「基準点」とか「基準線」を決めた方がいいですね。これが極端に変則的な天体、たとえば初代「はやぶさ」が訪れた小惑星イトカワみたいな形の相手だと、緯度・経度とか言ってもあまり基準になるのかどうか疑問ですが、リュウグウは奇妙とは言っても規則的な形ですから、緯度や経度を決めておくことは、研究者同士の会話をスムーズに進めるのにも役立ちそうですね。地球上のグリニッジみたいにね。

　まず、緯度は簡単そうですね。リュウグウを観測していると、ある自転軸のまわりにぐるぐると自転しているのが分かります。その自転軸が体を貫いているところを南北両極とし、その2点の垂直二等分面を赤道面にして緯度を決めればいいですね[図2-03]。

　7月19日に行われた記者会見で、リュウグウ上の「経度0度」の地点として、割と早い時期から目立つ特徴として見えていた縦に2つ並んだ岩の一方が選ばれました[図2-04]。白い矢印の位置にある岩石が「経度0度」の目印に選ばれました。2つのうちの南側の岩が赤道付近にあることなどが選定理由で、岩の中央にある出っ張りを基準としてリュウグウ全体の座標系が決められていくことになったのです。なお、リュウグウは、地球と逆向きに自転していて、自転軸の傾き(赤道傾斜角)は約180度ということになります。金星と同じで、自転の方向と公転の方向がほぼ反対になっているのですね。面倒なことなので、一般にはあまり深刻に考える必要はありませんが、一応説明しておきました。

経度ゼロ度として選ばれた地点

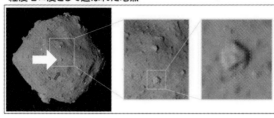

図2-04　リュウグウの経度ゼロ度の点

2018年7月25日

「はやぶさ2」の観測順調
──明らかになるリュウグウの表情

　「はやぶさ2」が6月27日に、地球からおよそ3億キロメートル離れた小惑星「リュウグウ」に到着してから約1ヵ月たちました。最初は、小惑星から約20キロ離れた地点（ホームポジション）に滞在して、リュウグウの観測を続けていました。BOX-Aですね。この初期の観測からおおまかな特徴だけを見ていきましょう。

　初代「はやぶさ」と「はやぶさ2」のターゲットを比較してみました[図2-05]。まずびっくりしたのは、リュウグウの形。丸っこい形を想像していたのですが、送って来た画像では、極地域が角張っていて、赤道に沿って膨らみ（リッジ）が見られます。独楽（こま）のようですね。自転速度の速い小惑星にはよく見られる形ですが、リュウグウは自転の周期が7時間半くらいでゆっくりした自転をしていますから、どうなっているのか、調査が必要です。赤道付近の大きなクレーターは直径200メートルほどあり、南極域には130メートルほどの大きな白い岩塊も存在しています。

　今までに分かったのは、リュウグウの表面には、岩石の塊（ボルダー）が多くあり、その観察からは、リュウグウの表面が初代「はやぶさ」が訪れた小惑星イトカワ[図2-06]と似ていること。だとすると、

634m
535m
333m

図2-05　イトカワとリュウグウの比較

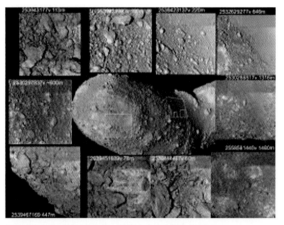

図2-06　初代「はやぶさ」が訪れた小惑星イトカワ

別の小惑星が壊れてその破片が再び集まってできた可能性が高いようです。

　一方で画像処理前の元画像を比較すると、イトカワよりも黒っぽいので、光を吸収する特性がある「炭素」の存在をうかがわせます。炭素は有機物をつくる成分であり、有機物は生命のもとですから、もともと「はやぶさ2」が目的とした「生命の起源を探る」という目的

に、非常に合致しているのではないでしょうか。ターゲットの選定に間違いはなかったようです。

　直径およそ900メートルのリュウグウは、自転軸が少しだけ傾いているため、太陽光の当たる角度によって地表の温度が、30度～100度くらいの幅で変化しているようで、ほぼ15ヵ月の周期で季節が変化していることも判明しています。

　リュウグウの表面には多くの岩塊が存在しています。チームではリュウグウ表面の画像から大きさが約8メートルを越える岩塊をピックアップしています [図2-07]。今後はこの形状モデルや岩塊の分布情報を元にして、「はやぶさ2」の着陸地点の検討が行われる予定です。

図2-07　リュウグウ表面の8メートル以上の岩塊分布

図2-08　高度6キロから撮影した7月20日のリュウグウ

　「はやぶさ2」は現在、高度約20キロのホームポジションを起点に、光学航法カメラ「ONC」やレーザー高度計「LIDAR」、近赤外線分光計「NIR3」、中間赤外カメラ「TIR」でリュウグウを観測しています(BOX-A, B)。また、探査機の高度を上下させる運用も行っており(BOX-C)、7月17日からゆっくりと降下を開始しました。最低高度

（6キロ）の付近に滞在していたのは7月20日からの1日間。そのとき
に撮影した画像の1枚が**図2-08**です。この写真は、これまでホーム
ポジションから撮影されていた画像と比べると、解像度が約3.4
倍上がっており、1画素が約60センチに対応します。画像中央付近
にリュウグウ表面で最大のクレーターが写されていますが、"すり
鉢"のような形をしていることがよく分かります。また、リュウグ
ウの表面が非常に多数の岩塊（ボルダー）に覆われていることも分か
ります。この写真は、着陸地点を選ぶ上でも重要な情報となります。

　7月21日には上昇を開始し、7月25日にBOX-Aに戻りました。

2018年8月16日
「はやぶさ2」の降下運用

　8月1〜2日に、1日未満の短時間で高度5キロまで降りて高度20
キロのホームポジションに戻る「中高度降下運用」をしました。この
運用は、「はやぶさ2」がリュウグウの表面画像から特徴点を割り出
し、これを基準にして探査機の位置・速度を求めて降下を行うとい
うもので、いわば着陸の予行演習に当たる飛行ですね。

　次いで8月6日〜7日には、高度約1キロまで降下する「重力計測
降下運用」をしました。重力計測運用では、なるべく探査機の軌道
とか姿勢などを制御しないで、リュウグウの引力にまかせて探査機
を運動させるのです。いわば自由落下や自由上昇ですね。その状態
で探査機の運動を正確に調べれば、リュウグウからどのくらいの強
さの引力を受けているのかが分かりますからね。

　8月6日の11:00前（日本時間）にホームポジションから降下を開始
しました。同日の20:30くらいには高度6000メートルに達し、そ
こから自由落下状態となりました。そして、8月7日の8:10頃に最
低高度となる851メートルまで接近し、そこでスラスタを噴いて上
昇に転じました。

　まだ少し運用計画もありますが、かなりデータも整ってきました。8月下旬には着陸地点が決定され、9〜10月ごろに1回目のタッチダウンを実施する予定です。本番近しという雰囲気になってきましたね。

　クライマックスが近づくと、不安も増大してきます。宇宙は想定外だらけ。油断は大敵です。その「想定外」に思いを致しておきましょう。

2018年9月8日
「想定外」は宇宙での茶飯事

　数々の予想もしなかった困難に見舞われた初代「はやぶさ」——小惑星イトカワの撮影をしていた時、画像を突然送って来なくなったことがあります。調べてみると、コンピューターが画像を認識できないことが原因のようでした。急いで関係者が集まって議論し、データを念入りに調べた結果、カメラがとらえているイトカワの姿が、全く予期していないものだったため。データだけを取り出して地上で検討したところ、カメラのレンズに映っているイトカワは**図2-09の左**のようなものでした。

　その後全体像が明らかになったように、小惑星イトカワは**図2-09の真ん中**のような形をしています。真ん中が窪んでいますね。これだと、見る角度によっては影になる部分ができる時もあり、その時には体が2つに分かれて見えます。「はやぶさ」に搭載しているコンピューターのカメラ・ソフトウェア（プログラム）は、体が一つだという前提で作っていたので、「2つに分離して見える」というまさかの事態に対処できなかったわけです。

　大急ぎで、こうした時にも処理できるプログラムを作成して地上局から「はやぶさ」に向けて発信しました。その指令で間に合ったので、この問題はそれで解決しましたが、あらゆる状況を考慮して

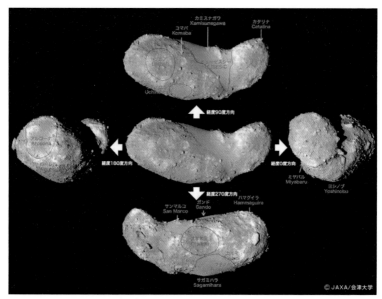

図2-09　イトカワの向きによる形の変化

作ったプログラムのつもりでも、こうした「想定外」の事件は必ずと言っていいくらい起きるものです。宇宙開発の歴史には、そのようにソフトウェアが不完全だったために起きた数々の致命的な事実が山ほどあるのです。

　皆さんも人生の中で、こうした「思ってもみなかった事柄」に遭遇することがたびたびある（あるいはあった）と思います。そこで今週は、そのような宇宙開発史上の想定外の事件から、2つほどピックアップして紹介しましょう。

　まず第一は、日本も取り組んだハレー彗星探査の時のことです。ハレー彗星のことは名前は聞いたことがあるでしょう。76年に1回地球に接近してくる「ほうき星」です。1910年に接近した後、はるか海王星の軌道の彼方まで旅をしていたハレー彗星が、1985年か

ら1986年にかけて地球に接近しました。人類がロケットとか探査機という飛翔体を宇宙への挑戦に使い始めてから初めての接近なので、ソ連（ほぼ現在のロシア）、アメリカ、ヨーロッパ、日本がそれぞれ独自の探査機を打ち上げ、緊密な連携を保ちながら接近観測を行いました[図2-10]。

　探査がピークを迎えた1986年3月、ソ連のハレー探査機ヴェガ1号がハレーに接近しました。モスクワにあるソ連の宇宙科学研究所(IKI)の一室で、それを各国の代表がリアルタイムで報告を受けるというイベントが行われ、私もその招待客の一人として参加していました。緊張のうちにもスムーズな実況報告が次々と展開されていましたが、突然、報告者が「ハレーの核が2つあるようです！」と叫びました。

　私は「えっ、壊れたの？」とびっくりしました。その時にスクリーンに映っていたのは図2-11のような映像です。これはハレー彗星から噴出しているプラズマをとらえたデータですが、ハレーの核からはガスを噴き出している所と噴き出していない所があるために、プラズマの分布に偏りがあります。そのため、観測器に反応する部分とそうでない所の強さに違いがあって、この時のハレーの状態は2つに分かれて見えていたのです。

　しかしそうしたことが分かったのは、このような観測があったからで、これでハレー彗星に限らず、彗星が

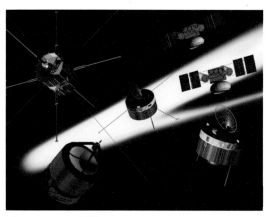

図2-10　ハレー艦隊

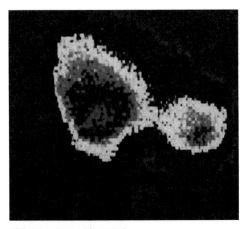

図2-11　ハレーが二つに？

そういうものだという貴重な情報がもたらされたのでした。その後の彗星探査機、たとえば最近話題になったヨーロッパの彗星探査機「ロゼッタ」[図2-12]は、このような経験に学んでカメラのデータを扱うソフトウェアをきちんと準備することができました。

図2-12　欧州の探査機「ロゼッタ」が観測したチュリューモフ・ゲラシメンコ彗星

「想定外」の2番目の例は、宇宙開発の初期に起きた悲惨な例です。1962年、アメリカ・フロリダ州のケープ・カナベラル発射場から金星探査機マリナー1号を乗せて「アトラス・アジーナ」ロケットが発射されました[図2-13]。ところが、軌道に達する前にロケットの軌道が大きく横へそれていったため、打上げの293秒後、指令破壊によって爆破されました。マリナー1号の残骸は、打ち上げロケットとともに大西洋の藻屑と消えてしまったのです。

アトラス・アジーナは、A、B2つの制御系統を持っており、B型はA型のバックアップとして使われることになっていました。マリ

図2-13　マリナー1号の打ち上げ

ナー1号を打ち上げた後、A型のハードウェアが故障したため、B型で制御することになるまでは予定通りだったのですが、このB型に誘導されたロ

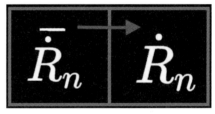

図2-14　「悪魔のハイフン」の正体

ケットは、異常な飛翔経路をたどり、管制官は破壊指令を送ったのです。調査の結果、B型の誘導プログラムの中に、一つだけハイフン（‐）がぬけていたと発表されました。

　たった一つのハイフン！　NASAはこれを「悪魔のハイフン」と呼んで、ソフトウェアを重視するための戒めにしたそうです。

　ところがその後、真実はもう少し複雑だったことが分かりました。ぬけていたのは、ハイフンではなく、オーバーバーだったのです。コーディング前の方程式を書いたエンジニアが、平均値を表す横棒

（オーバーバー）を引き忘れたらしいのです。手書きの方程式に忠実にコーディングしたプログラマーは、「元凶」ではなかったということですね[図2-14]。

NASAはこの時のミスで、

——「プログラム・チェックを100％完璧にやりとげることは事実上不可能だが、見過ごしても大事に至らないかどうかの判定をする能力を身につけた」

そうです。

　宇宙開発の歴史においては、このような想定外の事件との遭遇は枚挙に暇がありません。そうやって、「宇宙」という手強い相手と格闘しながら、私たちは第一期宇宙時代を生き抜いてきたのです。

　さて、現在の主人公である「はやぶさ2」ですが、打ち上げてから今までは、ほとんど完璧に飛行してきています。これも初代「はやぶさ」の経験を全面的に活かしていることに加え、プロマネを中心にチームが非常に情熱的に知恵を出し合ってミッションに取り組んでいるからでもあります。ただし、初代「はやぶさ」も小惑星に近づいて着地するまでは、それほどの危機はありませんでした。その意味では「これからが正念場」と言うことができると思います。

　「はやぶさ2」はこれから「想定外」の事件に出くわす可能性は大いにあります。でもこれまでの宇宙への挑戦の歴史で起きたさまざまな経験に学んで、「想定外」の事件に対する備えをしっかりと作ってほしいものと思っています。とりあえずこれからの最初の難関は、9月11日から12日にかけて行われる予定の第一回着陸リハーサルです。何が起きるか、ドキドキしながら見守ることにしましょう。

2018年9月9日
小惑星着陸の難しさ

　「はやぶさ2」はこれまで、離れたところから表面を観測してきま

した。いよいよテ
ストとしての降下
リハーサルを皮切
りに、着陸に挑み
ます。

　実は小惑星に着
陸するのは、それ
ほど簡単なことで
はないんです。今
回はまずその着陸
がなぜ難しいかに
ついてイメージを
持ってもらいま
しょうか。思いつくままに箇条書きにします。

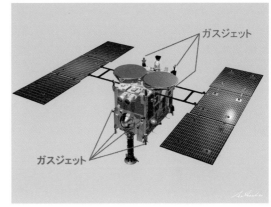

図2-15　「はやぶさ2」のガスジェット

(1)小惑星は探査機を引っ張ってくれない

　ほとんどの小惑星って小さいんですよね。地球は直径が1万3000
キロもあるけど、小惑星は一般にうんと小さい。初代の「はやぶさ」
が行った小惑星イトカワは500メートルくらい、今回のリュウグウ
は900メートル程度です。

　地球や月みたいに大きな天体は、重力が大きいでしょ。だからあ
る距離まで接近すると、強い重力で引っ張ってくれるのです。でも
リュウグウは「はやぶさ2」をあまり引っ張ってくれません。なに
しろ重力が地球の4万分の1くらいしかないんですから。だからね、
リュウグウの重力だけを頼りにしていては、その表面まで降下する
のに時間がかかり過ぎるから、もっと「はやぶさ2」を下向きに押し
てくれる重力以外の力があるといいんですけどね。そしてそれがあ
るんです。

　それは何だと思いますか。一つは、「はやぶさ2」に搭載している

ガスジェットという装置です。「はやぶさ2」の体の中に12個の小さいロケットが積まれていて、それぞれが噴射の出口（ノズル）を持っています[図2-15]。時にはそのガスジェットで下向きの速度を加えたりします。ガスジェットが使っている燃料はヒドラジンといいますが、このガスジェットは姿勢制御といって、「はやぶさ2」の宇宙での向きを調整（制御）するためにも使うから、燃料のヒドラジンを無駄遣いしたくないですね。

　そこで初代の「はやぶさ」も採用したもう一つのアイディアを「はやぶさ2」も使います。その助っ人は太陽です。太陽の光が圧力を持っているって知ってました？　輻射圧って言ってね、たとえば「はやぶさ2」が大きく広げた太陽電池パネルに太陽の光が当たると、その輻射圧が探査機をわずかながら押してくれるんですね。ということは、着陸作業のときに、「はやぶさ2」の頭上に太陽が来るように調節しておいて着陸していけば、上から太陽が「はやぶさ2」の降下に力を貸してくれるというわけです。こうして重力と太陽の光の力を主として利用して、「はやぶさ2」は悠々と降下していきます[図2-16]。

(2)地球から遠いところで着陸する

　ところで、いま「はやぶさ2」とリュウグウがいる場所はどの辺りでしょうか。それがね、私たちのいる地球から3億キロも離れているんです（図2-17——3ヵ月前の図だけど）。ちょっと想像もつかない距離ですね。地球と太陽の距離の2倍あります。これくらい遠いと、光の速さで飛んでも20分近くかかりますよ。往復すると40分くらい！　するとね、「はやぶさ2」が着陸する時に、たとえば大きな岩に降りそうになって、地球から「あ、あぶない！　よけろ！」と指令を出しても、その指令は電波で発しますから、やはり片道20分くらいかかるのです。そんな悠長なことをやっていたら間に合わないですよね。だから、「はやぶさ2」には、そんな危機回避の行動

は、自分で判断してやってもらわなければいけません。つまりまるで鉄腕アトムのように行動してもらわないと、いざという時に困るのです。そういうわけで、「はやぶさ2」の搭載コンピューターには、「こうなったらこうする、ああなったらああする」という命令が出せるようなプログラム（自律プログラム）があらかじめ仕込んであります。

(3) 非常事態が起きたら困る

　それでも、着陸の時には何が起きるかわかりません。それにコンピューターのプログラムも、しょせん人間が作ったプログラムだから、予期しなかったことが起きたら対処できないことになります。初代「はやぶさ」のときもそんなことがいっぱい起きました。ところが厄介なことが一つあるんです。「はやぶさ2」が降下して行って、ある高度に達し、それから着陸までに20分たらずしかかからないところまで来たとすると、それ以降は、地球から何か指令を送っても、着陸予定時刻までに「はやぶさ2」には届かないことになりますね。そこで「自律プログラム」が役に立つわけだけど、そのプログラムでも想定していなかった非常事態には、対処できないことになります。いざとなったら、少しタイミングが遅れても、探査機を救うために地球からも緊急指令を出せるようにはしておくわけです。このホットラインは最後の頼みの綱ですが、「はやぶさ」でも威力を発揮したものです。

(4) バウンドが怖い

　「はやぶさ2」は、着陸に当たって、着陸目標地点の近くに目印の「ターゲットマーカー」というものをあらかじめ落としておいて、そこをめざして降下していきます。そのターゲットマーカーは初代「はやぶさ」の時に苦労して設計製作したものです[図2-18]。どうして苦労したかというと、これが小惑星の表面に着地した瞬間、あまり跳ね返っては困るからです。

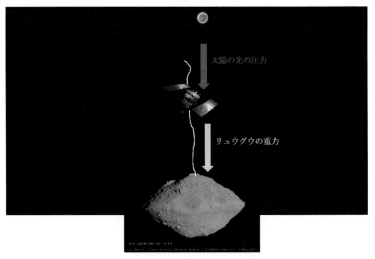

図2-16　「はやぶさ2」の降下

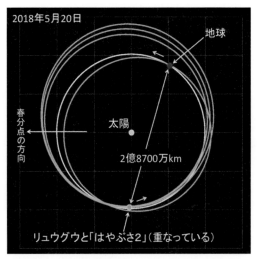

図2-17　リュウグウの位置

図2-18　ターゲットマーカー

　跳ね返るとどうして困るのでしょう？　ボールが跳ね返ると、バウンドして目標地点と違うところまで転がっていくと困るから？まあそれもあるけど、実はさっき言ったように小惑星の表面の重力が非常に小さいからなのです。重力が小さいと、跳ね返りのスピードが、赤ちゃんが投げたボールくらいでも小惑星の重力を脱出して、飛び去ってしまうんですね。地球の重力は大きいから脱出しようと思うと秒速で11.2キロ必要だけど、イトカワでは秒速15センチ、リュウグウの場合は秒速40センチですからね。脱出しては元も子もないので、さんざん苦労した挙句、モデルにしたのが「お手玉」でした。お手玉は弾まないもんね。その開発の物語はとても面白くて、いろいろな示唆に富むものなのですが、興味のある人は**参考文献[5]**を読んでください。

　このようなさまざまな理由で難しい小惑星着陸。いろいろな苦労があるんですね。もうじき9月に入ると、着陸作業の準備も本格化してきます。9月11日から12日にかけて、この難しい降下作業の本格練習(リハーサル)をやる予定になっています。

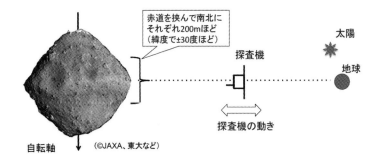

図2-19　着陸のための緯度制限

2018年9月10日

リュウグウへの着地点候補の基準

　8月に行った着地点候補についての作業を、概略説明しておきましょう。

　「はやぶさ2」チームは、リュウグウへの到着以前から、着地点候補の選定にあたっての条件を熟慮してきました。その中で何よりも、赤道から±30度（緯度）であることを最優先することに決めていました。接近して分かったのは、リュウグウの自転軸が南北に立っていたこと。これは好条件となりました。

　「はやぶさ2」は地球とリュウグウを結ぶ直線に沿って降下／上昇を行うのが基本です[図2-19]。これは、タッチダウンするときには、太陽電池のパドルをリュウグウの表面に平行になるように姿勢を変更します。その際、姿勢を変えても太陽電池に太陽の光がきちんと当たっていてほしいのです。探査機が降下していく姿勢とタッチダウン時の姿勢とがあまり変わらないようにするためには、タッチダウンをする緯度は±30度程度の範囲が望ましいということになりました。

　緯度プラスマイナス30度——地球で言えば鹿児島の南くらいの

緯度ですが、リュウグウの半径が500メートルなので、地球とリュウグウを結ぶ線から200メートルまでは離れられることになります。つまり、リュウグウの赤道を中心とする±200メートル以内の領域。それに加えて、以下の4つの条件が、到着前にすでに挙げられていたのです。

(A)地面の平均的な傾きが30度以内

　地形に対する条件ですね。「はやぶさ2」が地球と小惑星を結ぶラインに沿ってリュウグウに近づいてきて、表面にタッチする瞬間は、前述したように、サンプルをとるために、「はやぶさ2」の姿勢がリュウグウの表面にならった姿勢になる（「はやぶさ2」の底面がリュウグウの表面とほぼ平行になる）必要があるのです。このときに太陽電池が依然として太陽の方向を向いてないと発生電力が弱まるので、そのために平均斜度30度以内という条件が付きました。

(B)直径100メートルにわたり、平坦な部分であること

　着陸精度技術との闘いですね。出発前から、「半径100メートル以内の広場があれば、その中に降りられる」というのが、航法誘導チームの見積もりでした。ただし、もし予定通り人工クレーターを作って、その中へ降下してサンプルを採取するとなると、できたクレーターの大きさに応じて、着陸精度は飛躍的に高める必要が出てきます。地球に持ち帰ったサンプル分析に情熱を燃やす理学チームからは、「クレーターのど真ん中に降りてくれ」という途方もない要求が突きつけられています。誘導制御チームは、その手法を日夜考え続け、訓練も開始していると聞いています。その苦闘の中から、初代「はやぶさ」とは異なるどんなアイディアが湧き出てくるか、楽しみです。本当にご苦労様。

図2-20　サンプラーホーンの長さ

図2-21　小惑星イトカワの上で「ひと休み」する初代「はやぶさ」（2005年11月20日）

(C)岩塊の高さが50センチ以下であること

でこぼこへの条件。これはサンプルをとる時のサンプラーホーンの長さのためです。サンプラーホーンと「はやぶさ2」本体の間が約1メートルですから、これより高い岩があると、探査機に傷がつく可能性があります。少し余裕をもって50センチ以下が望ましいということです[図2-20]。「50センチ」という数字は、多少柔軟に解釈していいことなのでしょう。最近では「70センチ」に緩和しています。

思い出せば、初代「はやぶさ」がイトカワに初めて降り立った2005年11月20日、弾丸を発射することなく地表に居座っていた「はやぶさ」が、**図2-21**のようなかたちで「休んで」いたことが後に判明しています。こんなことは避けたいですね(**参考文献**[6])。

(D)表面が97℃以下であること

機器の受けるダメージを考慮した条件です。設計上の条件が370

K（絶対温度）、これをセ氏に直すと97度です。太陽を背にして降下しますから、「はやぶさ2」本体がサンプル採取に向かう表面は太陽に照らされて熱くなっているんですね。

ついに決まった「はやぶさ2」の着地点候補

「はやぶさ2」本体の着地点候補

　さる8月17日、JAXA相模原キャンパスに、小惑星探査機「はやぶさ2」の国内および国際メンバーが合計109人集まりました。そのうち外国の人は39人[図2-22]。ここに至るまでに本格的にこの着地点選定の作業を始めたのは2年前です。周到な準備期間があったのですが、8月17日の議論はそれでも1日かかりました。本当は午後

図2-22　着陸地点選定会議のメンバー

図2-23　イトカワの「広場」

61

4時で終わるはずだったのですが、議論が白熱して、午後7時まで
かかって、小惑星リュウグウの着地点を選びました。

　初代「はやぶさ」が降下した小惑星イトカワも、同じように岩だら
けだったのですが、ほんの少しだけ、他の地形と違って比較的岩
の少なそうな場所があるように見えたので、そこ(ミューゼスの海、図
2-23)に降りることに決めました。ところが、リュウグウはどこも同
じように一様に岩石があるので、選定は難儀を極めました。

　「はやぶさ2」は、望むらくは、今年10月と来年の冬と春、計3回
タッチダウンを行って、リュウグウ表面のサンプルを採取する計画
になっています。そのうちの1回(おそらく3回目?)は、銅の塊をリュ
ウグウ表面に打ち込んでクレーターを人工的につくり、リュウグウ
の内部から顔を出したサンプルも採取する予定です。今回選ばれた
のは第一回目のサンプル収集の場所です。

　あらかじめ日本チームが行っていた準備作業も含め、選定の手順
を紹介すると、

【第一段階:安全度の評価】

　小型ローバーの着陸地点を含め、まず、リュウグウの形状モデル
から、各場所での太陽の角度や表面の傾き、凹凸などを総合的に評
価し、「安全度のマップ」を作った[図2-24]。青いところが安全な地
域。赤道地区に集中していることがよく分かる。このスコアで見る
と、おおよそリュウグウの赤道リッジ(尾根)に沿った場所が安全度
が高いことが分かる。

　そしてこの安全度のスコアを基にして、「はやぶさ2」本体のため
に100メートル四方、小型ローバーとしては少し広めの17ヵ所を選
び出した[図2-25]。「L・・」が低緯度、「M・・」が中緯度の候補地点。

【第二段階:画像による評価】

　続いて、これまでに撮影された搭載カメラの画像を使って、岩塊

の数や平坦さの度合、東側に障害物があるかどうかといった観点から、上記17ヵ所の比較評価を行った。なぜ東側を気にするかというと、自転するリュウグウに降下するわけだから、着地する表面から見ると「はやぶさ2」本体は東から接近することになるので、候補地点の東側に大きな岩のような障害物があると、降下する探査機と衝突する危険があるから。

　この評価によって、候補地点は低緯度地域の4ヵ所（L05、L07、L08、L12）、中緯度地域の3ヵ所（M01、M03、M04）に絞り込まれた[図2-26]。

【第三段階：実現性の評価】

　7ヵ所に絞られた候補地点について、さらにタッチダウン実現に必要な条件を満たすかどうかを慎重に検討した。表面温度については、7ヵ所すべてが合格。地上局との通信が途絶えないかという点も検討。7ヵ所とも合格。

　リュウグウの表面はかなり岩が多いため、最終的にタッチダウン候補地点を決めるに当たっては、各地点の岩塊の個数密度が最も重要なカギになりそう。これまでに得られた画像から、7ヵ所の候補地点それぞれについてエリア内にある岩塊のマップを作成[図2-27]。

　これは直径3メートル以上の岩塊の分布である。一つ一つ画像から読み取る作業は、まさに人海戦術。色別で大きさを示してあり、特に茶色は10メートル以上のもの。

　このマップを基に、岩塊がエリア内を覆う割合がなるべく少ない地点が選ばれ、最終的に「L08」という地点をタッチダウン候補地点とし、バックアップとして「L07」「M04」の2地点を選定した。

【理学の視点】

　もちろん、世界から集合した各分野の科学者たちは、これまでに科学観測で得られたデータを使い、「科学的成果が期待できるサンプルを採取できるか」「岩塊の量から見て安全度に差があるか」「サ

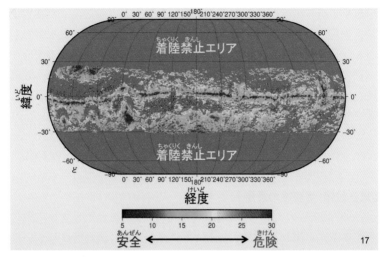

図2-24　リュウグウの安全マップ

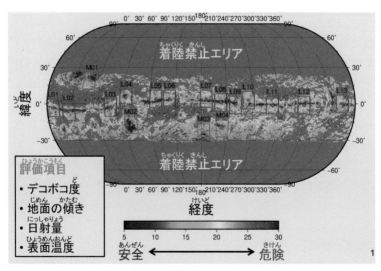

図2-25　ピックアップされた第一次候補地点

64

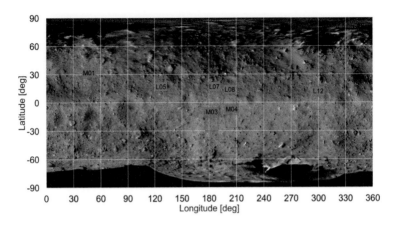

図2-26　画像評価をパスした候補地

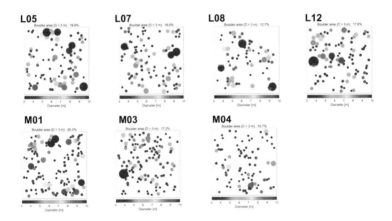

図2-27　重要候補47ヵ所の岩塊分布マップ

ンプルはいっぱい取れるだろうか」など多角的なチェックも行った。
その結果、リュウグウ表面の物質はどこでもほぼ同じような多様性
を持っており、粒子サイズの分布から見てサンプル収量はあまり変
わらないだろうと結論された。

65

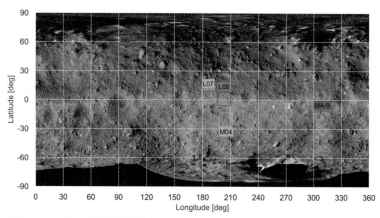

図2-28　しぼられた着陸候補地点（2018年8月）

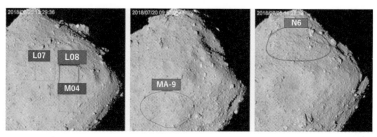

図2-29　着陸候補地点の画像

　以上が、2018年8月までに行われたことです。なお、併行して小型ローバーの着地点についても議論されました。小型ローバーが降りる地点は、サンプル採取のための地点と重なると、「はやぶさ2」の着地の際に困るし、ロボットも他のロボットの上に降りるわけには行きませんから、もちろん科学的に意味のある場所で別々の地点を選びました。「ミネルバⅡ-1」については「N6」という北半球のエリア、「マスコット」は「MA-9」という南半球のエリアが着地点候補です。ローバーたちは、「はやぶさ2」から分離されたあと、バウンドして最終着地点に到達するので、いずれも少し広めのエリアを

取ってあります。

　こうして最終的に決定され発表された着地点候補は**図2-28**です。これらをリュウグウの写真の上に描けば**図2-29**のとおり。ただし手ごわい相手です。これから始まる9月からの必死の降下リハーサルを経て、タッチダウンのターゲットを一つに絞ることになりますね。さあ、航法誘導制御グループの死闘が再び開始されます。

2018年9月12日
第一回タッチダウン・リハーサルは
途中で中止

　9月10日から11日にかけて第一回タッチダウン・リハーサルを行ったのですが、予想外の事態が起きて、途中で中止しました。

　いよいよオペレーションのクライマックスが近づいている気配がしてきました。来年末のリュウグウ出発までには、時間が十分あるので、スケジュールをどうするかを含め、チームは、熱心に、しかし落ち着いて相談をしています。

第一回タッチダウン・リハーサル（9月11～12日）の様子

　降下に直接つながるオペレーションとして、まずタッチダウンの1回目リハーサル（リハ1）を9月11～12日に実施したのですが、途中で「はやぶさ2」が自分で危険と判断して降下を中止し、再び元の位置に舞い戻りました。おそらく「はやぶさ2」のオペレーションとしては、ほとんど初めて直面した「壁」ですね。

　今回のリハーサルでは、リュウグウ表面に高度40メートルまで降下し、着地しないで再上昇する予定でした。降下の手順をしっかりと訓練しつつ、リュウグウ表面を至近距離から撮影することで、タッチダウン候補地点の安全性を確認することを目的とするリハーサルでした。

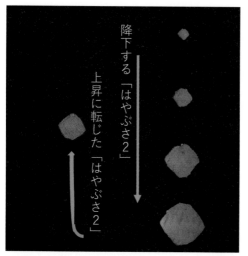

降下する「はやぶさ2」
上昇に転じた「はやぶさ2」

ところが、高度約600メートルまで降りたところで、「はやぶさ2」が自動的に止まり、上昇して、ホームポジションと呼ばれる元の位置(高度20キロ)まで舞い戻ったのです。すべて「はやぶさ2」本体のコンピューターが自分で判断して起こした行動です。

図2-30　降下につれて大きく見えてくるリュウグウの姿

　そのリハーサルの様子は、電波で地球に送られてきました。JAXAのホームページには、降下につれてだんだん大きくなっていくリュウグウの姿が、リアルタイムで配信されていました(たとえば図2-30)。

　さまざまなデータを解析した結果、降下を中止した原因は、リュウグウの表面の光反射が予想以上に弱く、「はやぶさ2」とリュウグウ地表との距離を測るためのレーザー高度計(LIDAR、ライダー)がうまく働かなかったからだということが分かりました。賢い判断ですね。まさしく鉄腕アトムばりです。

　第一回のリハーサルは中止になりましたが、「はやぶさ2」には全く異常がなく、チームは、低い高度での「はやぶさ2」の応答の状況が分かり、着陸候補エリアの高解像度の貴重な画像が新たに得られたので喜んでいます。一歩一歩未踏の領域が狭くなっていることを実感しているようですよ。これらのデータを、次のローバー分離や着陸運用に役立てるべく、プロジェクトチームの解析作業が続いています。

スケジュール

　これまで発表されていたスケジュールでは、リハーサルの後、ミネルバⅡ-1の着地を9月20・21日、マスコットの着地を10月2〜4日に行うことになっていましたが、先日のリハーサルの結果を踏まえて、ロボットの降下スケジュールを見直すかも知れません。また、今のところは、「はやぶさ2」本体のタッチダウンの2回目のリハーサルを10月中旬に行い、本番のタッチダウンは10月下旬を想定していますが、これも、今後の様子を見てから最終決定に至るでしょう。まだまだ予断は許しませんね。

2018年9月13日
着地点決定までのプロセスと今後の課題

　「はやぶさ2」チームが頭を冷やすために検討を重ねているので、私もここでちょっと立ち止まって、「はやぶさ2」がリュウグウに到着してから約3ヵ月間のチームの動きを振り返り、これからの道筋を足早に展望してみましょう。

　今年2018年6月30日、「はやぶさ2」はめざす小惑星リュウグウの上空に到着しました。拠点となる定位置HP（ホームポジション）である高度20キロに落ち着いて、まずリュウグウについてデータを次々と集めました。その形は少しびっくりしたけど、自転軸が地球軌道面に対して直立していたので、着陸作業には有利だということが分かりました。ただし、表面は予想以上に岩石だらけ。出発時に考えていた「100メートルくらいの広場があれば着陸できるんだけど」という期待を裏切らないエリアがあるかどうかは、これからしっかり調べなければなりません。

　調べる手段は2つあります。一つは、「はやぶさ2」自体の高度を下げて、低い高度からリュウグウ表面を見つめて、広い場所を探すこと。もう一つは、搭載している小型ローバーを表面に投下して、

ローバー自身の表面観測によって、投下した付近を調査すること。

　こういった事柄と、「想定外だらけ」という教訓を肝に銘じながら、チームはまずそれまでの観測をもとにし、探査機の形状や機能を考慮して、着地点の候補が備えるべき条件を4つ(あるいは5つ)列挙しました。そしてその条件に近いと思われる「100メートルくらいの領域」をとりあえずピックアップしたのです。

　8月17日、世界中から神奈川県相模原の宇宙科学研究所キャンパスに集まった「はやぶさ2」チームのメンバーが、着地点について熱い議論を展開しました。初代「はやぶさ」よりも厳しい地形であることも一目瞭然であり、結論は容易には出ませんでしたが、長い時間にわたる議論・検討の結果、第一回目のサンプル収集の候補地点として、リュウグウ赤道上の「L08」と呼ばれる100メートル四方のエリアが選ばれ、隣接した「L07」、「M04」という2つのエリアがバックアップ地点とされました。

　「はやぶさ2」本体の高度を下げて調査するオペレーションは、サンプル採取の本番に備えるリハーサルを兼ねて行います。上記の3つのエリアのどこに最初に降りるかは、そのリハーサルを待ってから完全確定することにしました。

　合わせて、搭載した4つの小型ローバーの着地点も選ばれたので、これから9月〜10月にかけて、まずはそのローバーたちの先遣隊としてのオペレーションが試みられます。

　以上が到着後の「はやぶさ2」チームの動きの概略です。大体私も頭が整理されました。

　リュウグウ表面が「予想をはるかに超えて岩石だらけ」というたった一つの「想定外」が、チームの取り組みに大変な重しとなっていることが窺われます。そしてそのことは世界中の惑星科学者たちに共有され、今後の人類の小惑星探査の「常識」になっていくものと予想

されます。頻繁に開催される大小さまざまな国際会議が、この世界中の科学者たちの情報交換に大きな役割を果たしていることも、合わせて認識していただくといいですね。だから、日本の若い研究者も、できる限り外国の会議に出席し、たくさんの友人を作っていくことをお勧めします。「よき友はあなたの財産」です。

2018年9月14日
着地点決定を準備する苦労

　一つだけ言い残したことがあります。火星などに着陸するミッションでは、表面地形のデータが過去の探査でかなり詳しくつかめているのですが、それでも5年とか6年かけて着地点を決めるものです。小惑星の場合は、行く前には、表面の様子についての情報は皆無に近いし、限られたミッション期間の中で大急ぎで着地点を決めなければならないというハンディがあります。加えて、リュウグウ表面は予想以上に岩だらけで、どこにでも巨大な岩や岩塊（ボルダー）が存在しているので、着地点を探すのは大変な苦労となりました。

　その陰には、「はやぶさ2」チームのメンバーの大変な準備の苦労があったことを、その中心になって奮闘した菊地翔太さんが語ってくれました。

　着地点を決めるために世界から集まってくる科学者・技術者たちは、いきなりデータを見せられても、どう判断すればいいか戸惑いますよね。「はやぶさ2」チームの菊地さんたちは、あらかじめリュウグウのモデルを使って、着地点を決定する作業の練習をし、その見通しをみんながつけやすいような工夫を苦労して作り上げていたのです。

　でも、肝腎のリュウグウが、その練習の時点でどんな表面か分かっていないわけですから、何だか雲をつかむような仕事ですね。

図2-31　着地点選びの練習に使ったリュウグウの架空模型「リュウゴイド」

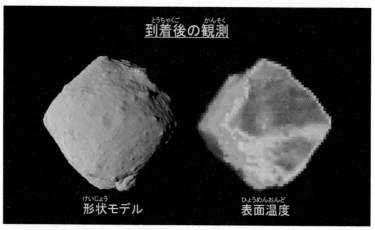

図2-32　到着してから大急ぎで選ぶ

だから、科学者たちがいろいろと知恵をしぼって作り上げたリュウグウの「模型」を使うんだそうです。それは**図2-31**のようなものだったそうで、名づけて「リュウゴイド」。今となっては、現実のリュウグウとずいぶんと違うことが分かりますが、練習の時には、

コンピューターの中で作り出したこのような架空のモデルを相手としてやらざるを得なかったわけです。

ただし、どこが着陸に適しているかについては、①でこぼこな地形でないこと、②あまりに傾いていないこと、③太陽電池を頼りにするので日射の条件がいいこと、④機器が壊れないよう高温すぎない場所、などなど評価の基準を定め、架空のモデルを相手として、候補地決定の手順をどのようにするか、選定の作業が手際よく進むようなマニュアルみたいなものを作成していったんですね。

そして「はやぶさ2」がリュウグウに接近して、徐々に形状とか表面の温度分布などが観測によって明らかにされていき[図2-32]、その膨大なデータをそれまでに作り上げた選定作業の訓練によって会得した手練で処理していったわけです。こうした菊地さんたちの苦労の威力が、実際の公式の会議で遺憾なく発揮されたことは疑うべくもありません。

さて、10月下旬に予定していた「はやぶさ2」本体のタッチダウンとサンプル採取のスケジュールも、今のところは未定と見ていいでしょう。リュウグウの岩だらけの厳しい表面が立ちはだかっています。チームの真剣で熱い闘いが続きます。

2018年9月15日

小田稔先生の思い出
──若い研究者の国際会議出席について

若い人はどんどん外国に行くといいという話をしました。それに関連して思い出したことがあるので、書いておきます。

宇宙科学研究所の大先輩で、私が大変尊敬する小田稔という先生がいました[図2-33]。ブラックホールなどの謎に挑んでいるX線天文学の草分けの一人です。ノーベル賞の候補にも毎年なっていたので

図2-33　小田稔

すが、検査入院の際に突然院内感染が起きて、78歳で他界されました。

　この人は、宇宙科学研究所の所長をやった後に理化学研究所の理事長になりました。理事長になってすぐ外国の会議に出席することになり、その日程調整のために理化学研究所の事務局長さんがやって来て、「理事長、次のアメリカ行きはどのようにされますか？」と質問しました。

　小田先生はごく自然に「ああ、エコノミーでいいよ。その代わり、若い人を何人か連れていけるといいなあ」と返答したそうです。

　事務長はそのとき、じっと小田先生を見つめながら「宇宙研にいらっしゃったときは苦労されたんですねえ……」とつぶやいて、「いえ、私が申しあげているのはそんなことではありません。理化学研究所の理事長はファースト・クラスに乗っていただくことになっているのです。航空会社をどこにされるのか、どこか経由地はおありか、そのようなことをご相談したかったのです」と。

　小田先生は苦笑いしながら、それでも「ファースト・クラスとはもったいないなあ。宇宙研なら残りの金で大学院生を大勢連れて行けたのになあ」と慨嘆したとか。未来の日本の科学者づくりを真剣に考えている研究者の頭の中がさすがと偲ばれるエピソードです。

　魅力的な小田先生の一生を覗いてみたい人はどうぞ→**参考文献**[7]。

阿轆轆地

竜趨雀躍

いよいよ9月21日に
小型ローバーを投下する

　さる9月5日、「はやぶさ2」が小惑星リュウグウを調べたところ、赤道での重力が地球の8万分の1程度、質量は約4.5億トンでした。当初の予定では、来月（10月）に着陸→サンプル収集という山場のオペレーションなのですが、それに先立って9月21日に2台の小型ローバー「ミネルバⅡ-1A」と「ミネルバⅡ-1B」を分離して地表に降下させます。

　「はやぶさ2」は、初代「はやぶさ」に載せた「ミネルバ」[図3-01]の後継機として開発した「ミネルバⅡ-1」と「ミネルバⅡ-2」を搭載しています。9月21日に投下するのは、このうちの「Ⅱ-1」の方です。

　「ミネルバⅡ-1」の箱を開けると、「ミネルバⅡ-1A」と「ミネルバⅡ-1B」という2台の可愛いローバーが出てきます[図3-02]。今回は、この「ミネルバⅡ-1」についてだけ説明しましょう。俗称「ぴょんぴょんローバー」。

　ⅠとかⅡとか、1とか2とか、いろいろな数字が錯綜して混乱するので、まあ「はやぶさ2」には、ぴょんぴょん表面を飛ぶローバーが4台乗っていると思ってもらえればいいとは思いますが、区別したい人のために一応整理しておくと、**表**のようになります。

図3-01　初代「はやぶさ」に搭載した「ミネルバ」のイメージ

ぴょんぴょんローバー「ミネルバⅡ-1」

　初代「はやぶさ」に乗っていた同じようなローバー「ミネルバ」は
1台だけでしたが、「はやぶさ2」の「ミネルバⅡ-1」のぴょんぴょん
ローバーは2台。細かいところは違いますが、目的や移動のメカニ
ズムは同じです。

　2台の「ミネルバⅡ-1」を一括して「ぴょんぴょん」と呼びましょ
う。これは、一言で言えばカメラマンです。図3-02で分かるよう
に、それぞれがバウムクーヘンみたいな平べったい円柱形の小型
ローバーです。それぞれの大きさは直径18センチ×高さ7センチ、
重さは1.1キログラ
ム。この小さな体の
中にカメラなどの各
種センサー、移動機
構、通信機、計算機、
電源などが搭載され
ていて、自律的に小
惑星表面を移動しな
がら、地表の様子を
観測できるように
なっています。

　カメラとしては、

図3-02　「はやぶさ2」がもうじき投下する「ミネルバⅡ-1」

探査機	ローバー名	開発	備考
初代はやぶさ	ミネルバ	日本	JAXA、IA
はやぶさ2	ミネルバⅡ-1A	日本	JAXA
	ミネルバⅡ-1B		
	ミネルバⅡ-2	日本	東北大など
	マスコット	独・仏	

表　「はやぶさ」計画に登場するローバー一覧

ステレオカメラと広角カメラの2種類。着地しているときには、ステレオカメラで近くを立体的に見て、ぴょんぴょんホップしている時には、広角カメラで広い範囲を撮影します。ローバー本体の手前に見えているのが広角カメラで、ステレオカメラは反対側にあります。初代「ミネルバ」では、ソニー製のカメラが使われたことが話題になりましたが、「はやぶさ2」の「ぴょんぴょん」でも、民生品のカメラを活用しており、放射線等の環境試験を行ってから搭載しました。

「ぴょんぴょん」はどうやって跳びはねるのか？

　天体の地表に降り立って移動するローバーといえば、現在火星表面で活躍している「キュリオシティ」のように、普通はタイヤの付いたタイプがおなじみですね［図3-03］。そういうタイプのローバーはこれまでにいくつもありましたが、この可愛い「ぴょんぴょん」は、初代「はやぶさ」の「ミネルバ」と同じように、リュウグウの表面を跳びはね、場所をあちこち変えながら温度測定や撮影をするよう設計されています。

　彗星や小惑星くらいの小さな天体を動きまわったローバーは見たことがありません。実は初代「はやぶさ」の「ミネルバ」はうまく着陸することができなかったので、今回の「ぴょんぴょん」が投下され着陸して活動できると、動き回るローバーとしては、人類史上初の快挙となります。

　意外に思うかもしれませんが、月や火星のような重力の大きい天体の移動よりも、イトカワやリュウグウのように直径が1キロに満たない、重力の小さい天体の上を移動する方が遥かに難しいんですね。ちょっとした地形の凹凸でもすぐに車体が浮き上がってしまうので、車輪などが空回りしやすいのです。

　そこで、この「重力が小さくて浮き上がりやすい」ことを逆に活用することにして、ミネルバシリーズではホッピングによる移動機構

を開発しました。逆転の発想ですね。

「ぴょんぴょん」の写真を見てください。太陽パネルをいっぱい貼った機体の端に小さな棘のような物が付いていますね。

図3-03　火星面上のローバー「キュリオシティ」

私は、これを初めて見た時、この棘みたいなものを使って跳ねるのかと思いました。「ホップする」と言うと、バッタみたいに足を曲げてから伸ばしながら跳

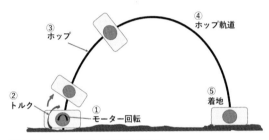

図3-04　ミネルバ2の跳びあがり方

ぶことを連想しますよね。ところが、「ぴょんぴょん」には、ホップするための足は付いていません。ではどうやって跳びはねるのか？

本体内部に、おもり(アルミ製の円板)を付けたDCモーターを搭載します。モーターを回転させると、逆向きに回転しようとする力が発生します。回転椅子に座って、伸ばした腕を左に回すと、体が右に回るのと原理は同じです。この力によって、さっきの棘を地面にひっかけて、蹴りあがるわけ[図3-04]。つまりモーターの円板が回転すると、本体には逆向きのトルクが発生して飛び上がるのです。

初代「はやぶさ」の思い出

2005年、初代「はやぶさ」のオペレーションが佳境にさしかかっ

ていた時のことです。この年の11月12日、1回目のタッチダウンに先立って行われた降下リハーサルで、初代ミネルバが母船「はやぶさ」から分離されました。このとき、本来は降下中に放出すべきだったのですが、うまくタイミングが合わず、上昇中に放出されてしまい、小惑星イトカワの引力の弱さもあって、ミネルバはイトカワに接近することができなかったのです。

これは、ミネルバの放出を地球からの遠隔操作でやろうとしたことが原因でした。でもこれはやむを得ない措置でした。「はやぶさ」には、小惑星までの距離を計測できるレーザー高度計（LIDAR：ライダー）が搭載されているので、本来であれば、この計測値をチェックしながら自動で放出するようにしておけば、上昇中に放出するようなミスは防げたはずです。でもあの時点では、LIDARの値が信用できるのかどうか、まだ分からなかったのです。

リハーサルで動作を確認した後なら、計測値を信用できるようになるのでしょうが、あの時はリハーサルの前でした。まだ完全には信用できないというので、地上からコマンドを送り、手動で放出することになったわけ。ところが、イトカワや「はやぶさ」までの距離は約3億キロ。電波がイトカワとの間を往復するのには、約30分以上の時間がかかってしまいます。30分以上後の母船の位置と速度を見越してタイミングを図る必要があり、これは非常に難しいワザでした。

あの「ミネルバ」放出のとき、川口淳一郎プロジェクト・マネジャーが、「ミネルバ」担当の久保田孝さんに「もしうまく行かなかったらごめん」とあらかじめ言っていたのを思い出します。久保田さんは「大丈夫、分かっています」と「覚悟はできている」という表情で答えていました。

そして、結局うまくタイミングが合わず、スラスターを噴射して上昇を始めた後に分離コマンドが届いてしまい、着陸できなかったのです[図3-05]。残念無念。今回の「ミネルバ2」はその雪辱戦という

ことになります。

　日本の宇宙科学のために非常に真摯な努力をつづける久保田孝さんは、たびたびくだけたおどけを魅せる好青年(当時)です。後に宇宙科学研究所の研究を統括する立場で大活躍しており、「はやぶさ2」の記者会見にもよく顔を見せていました。筆者の大好きな人物の一人です。

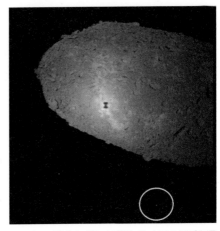

図3-05　残念ながら小惑星イトカワのそばを通過する「ミネルバ」(円内：「はやぶさ」のカメラが撮影)

期待される9月21日

　「ぴょんぴょん」自体は推進系を持っていないので、対策は基本的に、自動でしっかり降下中に分離してもらうことしかありません。ただし今回は、初代「はやぶさ」の時と比べると、小惑星における滞在期間が1年半もあるという有利な条件があります。運用に余裕があるので、リハーサルやタッチダウンなども、あまり時間がなかった初代「はやぶさ」ほど焦ってやる必要はありません。落ち着いて実行して成功させてほしいですね。

　ただし、リュウグウの上で、ぴょんぴょん移動しながら写真を撮った可愛いカメラマンは、「はやぶさ2」が地球に帰る時には、置き去りにされてしまいます。ちょっと可哀想。だから、写真撮影に成功したら、小惑星に残る「ぴょんぴょん」に大きな拍手を送ってあげましょう。

降りた、跳ねた、撮った！
ぴょんぴょんローバーがリュウグウ着陸
——世界初の快挙

ぴょんぴょんローバー、着陸！

　さる9月21日、小惑星探査機「はやぶさ2」から2台の「ミネルバⅡ-1」(俗称：ぴょんぴょん)を分離し、小惑星リュウグウに着陸させることに成功しました。送ってきた画像やデータから、リュウグウ表面を跳びはねながら移動していることも確認し、小惑星表面で移動探査をする世界で初めての人工物となりました。

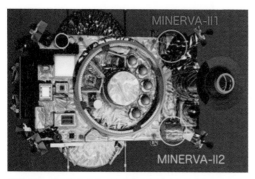

図3-06　「はやぶさ2」の下面に収納された「ミネルバⅡ-1」(上)と「ミネルバⅡ-2」(下)

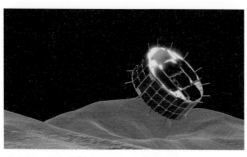

図3-07　はねる「ミネルバⅡ-1」(想像図)

　「はやぶさ2」の下面には「ミネルバⅡ-1」(2台のぴょんぴょん)と「ミネルバⅡ-2」が収納されていて[図3-06]、今回分離し着陸したのは「ぴょんぴょん」の方です。「はやぶさ2」から分離直後にケースの蓋が開くと、小さなローバー(探査ロボット)が2台飛び出します。2台とも状態は正常で、内蔵したモーターの回転

の反動を使って、リュウグウ表面をぴょんぴょん跳びはねながら観測します[図3-07]。 図3-08には、この「ぴょんぴょん」から降下中、および着陸後に送られてきた画像を示しました。

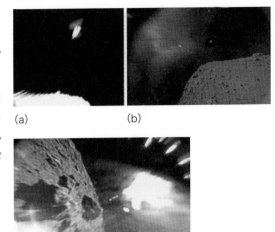

(a) (b) (c)

図3-08　2台のぴょんぴょんローバーが送ってきた画像

（a）は日本時間9月21日午後1時8分ごろにぴょんぴょんＡが撮影。「はやぶさ2」（上方）とリュウグウ表面（下方）が映っています。ローバー本体が回転しているので画像がぶれていますが、「はやぶさ2」の大きくひろげた太陽電池パネルは確認できますね。

（b）は日本時間21日午後1時7分ごろにぴょんぴょんＢが撮影。右下にリュウグウ表面、左上の薄くモヤがかかっている部分は太陽光のせいです。リュウグウの表面にはおそらく数十メートルはあると思われる岩がごろごろしていて10月下旬の着陸には苦労しそうです。

（c）は、日本時間22日午前11時44分ごろにぴょんぴょんＡが撮影。リュウグウ表面でホップしている最中に撮ったので、画像もダイナミックですね。

実は、初代「はやぶさ」も同じようなローバー「ミネルバ」を積んでいて、2005年11月12日に行われた降下リハーサルで自律的に分離されたのですが、惜しいところで小惑星イトカワに着陸できません

図3-09　吉光徹雄さん(JAXA)

でした。だから今回の着陸成功は私にとっても非常にうれしい快挙でした。

　2台の「ぴょんぴょん」のカメラなどの観測機器が送ってきた画像やデータは、現在詳しく解析していますが、これまでの検討だけからでも、「はやぶさ2」本体が観測した結果とは異なる様子も見えてきています。降下・着陸のオペレーションの前に議論していたときには、リュウグウの表面が帯電していて、「ぴょんぴょん」が接触した途端に破壊されるのではないかと危ぶむ人もいたのですが、その関門は2台の「ぴょんぴょん」のいずれもが切り抜けたようです。

　「ぴょんぴょん」担当の吉光徹雄准教授[図3-09]の談話。

──「ローバーから届いた画像を最初に見たときに、ブレ画像でがっかりしましたが、はやぶさ2探査機自体が写っていたので、ロボットに仕込んだ通り撮像できてよかったです。また、小惑星表面でのホップ中の画像が届いたときには、小天体での移動メカニズムの有効性を確認することができて、長年の研究成果が実を結んだことを実感しました」

　彼は、初代「はやぶさ」の時も中心となって頑張っていましたから、今回の着陸成功を誰よりも喜んでいるでしょう。

　吉光さんに会ったのは、彼が宇宙科学研究所に来てすぐのころ。私は広島県の出身ですから、故郷の訛りは、他の人が気づかなくても敏感に分かります。彼のちょっとしたアクセントに懐かしい響きを感じて、「もしや高校の後輩ではないか」と思って訊いたら、違いました。私が高校生の頃には存在していなかった高校でした。その後、彼の優秀な頭脳が日本の惑星探査に果たしている役割は極めて

図3-10　誰か迎えに来ないかなあ……

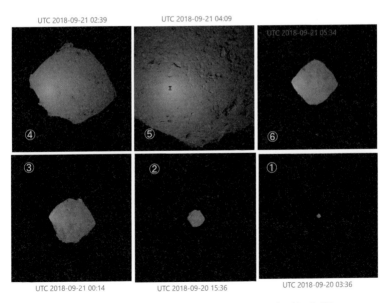

図3-11　「はやぶさ2」本体のカメラがとらえたオペレーション中のリュウグウ

大きいものがあります。誇るべきふるさとの男。

　ところで、私がよく分からないのは、この「ぴょんぴょん」は側面に太陽電池が貼ってあるので、その電池が損傷などで能力を失わない限り、いつまでもぴょんぴょん跳びつづけるのではないかということです。そう考えると、横浜の科学館で三枡裕也さんにお話をしてもらったときに彼が見せてくれた図3-10の「誰か迎えに来てくれないかなあ」という吹き出しの深長な意味が何となく推し量れそうな気がしますね。

　参考までに、このオペレーションの際に「はやぶさ2」本体のカメラがとらえたリュウグウ画像を、時系列順に並べておきましょう〔図3-11〕。

　というわけで、この後、2台の「ぴょんぴょん」はリュウグウ表面での観測を続けるのでしょうが、10月3日にはフランス、ドイツが開発した小型の着陸機「マスコット」が投下され、16時間の探査を行う予定です。また、東北大学などが開発した「ミネルバⅡ-2」というローバーも乗っていて、こちらは来年(多分夏頃)に着陸を予定しています。「マスコット」は10月初めに、「ミネルバⅡ-2」は来年(たぶん夏ごろ)に着陸を予定しています。

2018年10月6日
元JPL所長が「はやぶさ2に脱帽」
──東京で講演

　アメリカのカリフォルニア州パサデナ市に「ジェット推進研究所」(JPL)という研究所があります。正式にはカリフォルニア工科大学(CALTECH)の附属の研究所ですが、予算の大半がNASA(米国航空宇宙局)から出ているので、NASAの研究所だと思っている人も多いですね。

　JPLは世界の惑星探査の牙城ともいうべきところです。歴史上有名な、マリナー、ボイジャー、バイキング、ガリレオ、カッシニなどの数々は、すべてこの研究所が成し遂げました。このJPLと日本の宇宙科学研究所は昔から仲が良くて、私もそこで研究していたことがあります。つい数年前まで長い間そこの所長としてめざましい活躍をしたチャールズ・エラッチさん[図3-12]が、先日東京で講演をしました。その際、初

図3-12　チャールズ・エラッチ

代「はやぶさ」の功績を激賞し、現在の「はやぶさ2」の活躍についても大きな期待を述べていました。

──「素晴らしい成果です。私はその大変さがよく分かります。全くJAXAには敬服し、脱帽します。失敗を恐れず、小さな飛躍ではなくさらに大きな飛躍を目指してほしい」

と。

2018年10月8日

リュウグウの最新画像

　さて、その「はやぶさ2」からは着陸してぴょんぴょん跳びはねている2機のローバーから、小惑星リュウグウの表面の写真がすでに100枚以上、「はやぶさ2」本体を経由して送られてきています。2台合わせると、9月27日の時点で13回もジャンプしてあちこち縦横無尽に移動していることも分かりました。1回あたり20〜30メートルくらいのジャンプのようですね。重力がほとんどないから、ジャンプすると滞空時間が長く、15分くらい雄大にゆったりと跳び、

まるでスローモーションを見ているような跳躍です。

　たとえば**図3-13**は「ぴょんぴょんB」が撮影したもの。凄い光景ですね。まさに、岩塊(ボルダー)だらけ。「ぴょんぴょんA」が撮った**図3-14**の地形も凄まじいですね。「これほど劇的な表面写真は世界で初めてだ」と、海外のニュースでも評判になっています。

──「もうちょっと砂地があると思ったのになあ」

　チームでは、10月下旬に予定している「はやぶさ2」本体の着地が非常に困難を極めそうだと困惑しながら、この素晴らしい画像をみんなで見つめているでしょう。

　そして「はやぶさ2」が「ぴょんぴょん」を分離するために降下した際、本体の望遠カメラ(ONC-T)が、これまでのリュウグウ表面の写真で最高解像度になる画像を写しました。それが**図3-15(a)**です。これはリュウグウの**(b)**に位置を写したもの。**(c)**には「はやぶさ2」の自分の影が見えていますね。初代「はやぶさ」が撮影したイトカワの最高解像度の写真[図3-16]と比べてみてください。2つの小惑星の表面の様子

図3-13　ぴょんぴょんBがとらえたリュウグウ表面

図3-14　ぴょんぴょんAがとらえたリュウグウ表面

(a) 高度約64メートルで「はやぶさ2」が撮影したリュウグウ

(b) 写真(a)の位置

(c)「はやぶさ2」の影

図3-15　「はやぶさ2」本体の望遠カメラによる画像

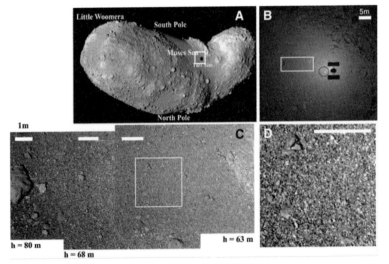

図3-16　初代「はやぶさ」が撮ったイトカワの高解像度画像

の違いがよく分かります。

　イトカワの方は、着地した「ミューゼスの海」と命名した地域のものですが、数ミリから数センチの「砂利」が敷き詰められていますね。それに比べると、リュウグウの方は何だか非常に着地しにくいようで、不気味ですね。今は「はやぶさ2」は高度20キロの「ホームポジション」に戻っていますが、「はやぶさ2」チームは、10月下旬のサンプル着地に向けて、その候補地点の様子や着地方法の詳細について、一生懸命に検討を重ねていることでしょう。

分離・着陸・観測に成功
──欧州の「マスコット」

　ドイツ・フランス共同製作の可愛いローバー「マスコット」が、10月3日〜4日（日本時間）、地球から3億キロ彼方の小惑星リュウグウの表面で元気に跳びまわりました。

　「マスコット」は、日本の探査機「はやぶさ2」から分離されて、6分間ほど自由落下して着陸し、その落下の途中の姿を「はやぶさ2」の下面のカメラがとらえました。小惑星表面に軽く衝突した「マスコット」は、リュウグウの重力が小さいためゆったりとしたバウンドを繰り返し、静止するまでに11分間もかかりました。

　「マスコット」は、リュウグウ表面を17時間にわたって移動しながら観測した後、電池の寿命が尽きて、活動を停止しました。準備期間を含め、十数年に及ぶ国際協力の努力が実った、歴史に残るオペレーションでした。以下はその詳報です。

「マスコット」とは？

　「マスコット」は、正式には、MASCOT（Mobile Asteroid Surface Scout＝移動型小惑星表面探査機）と言い、DLR（ドイツ航空宇宙センター）とCNES

（フランス国立宇宙研究センター）によって開発された小型の着陸機です。大きさは、縦横約30センチ、高さ約20センチ、重さは約10キログラムで、この小さな体の中に、表面を撮影する広角カメラや分光顕微鏡、熱放射計、磁力計などがぎっしりと積み込まれています[図3-17]。

　上面にアンテナがあり、「ぴょんぴょん」（ミネルバII-1）と同じように「はやぶさ2」との通信をおこないます。だから、着地した後、高度3キロで待つ「はやぶさ2」と交信するために、「マスコット」のアンテナ面を上に向ける必要があります。すると自動的に顕微鏡が下になるので、地面の観測と分析ができる仕組みになっているのです。そのような最適の向きに「マスコット」の姿勢を立て直すのは、タングステンでできた振子をモーターで加速・減速回転させるという奇抜なアイディアです[図3-18]。これは、「はやぶさ2」搭載の3機の「ミネルバII」のメカニズムと同様、初代「はやぶさ」の「ミネルバ」の発想に学んだものです。

　この機体内部にあるアームをモーターで回転させる反動で、ホッピング（跳び上がること）もできます。だから「マスコット」はリュウグウ表面をジャンプもします。実際にこのモーターを回転させた反動で、表面を移動して観測を実行しました。リュウグウ表面の重力は、地球の約7万分の1です。少しの力でも大きくジャンプできるのですね[図3-19]。

　側面には広角カメラが搭載されていて、周囲の画像を撮影します。底面には分光顕微鏡があり、リュウグウ表面の鉱物の組成や特徴を調べます。表面温度を測る熱放射計と磁場を測定する磁力計も搭載しています。

　これらの機器が、着地の衝撃で壊れないかと心配ですが、大丈夫、複合材でできた骨組み自体がある種のクッションになっていて、観測機器などがダメージを受けないようになっているのです。これらを駆使して、リュウグウの表面を詳しく調べ、日本のローバー

Payload Accomodation

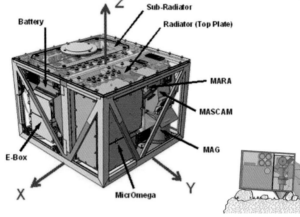

Battery
Sub-Radiator
Radiator (Top Plate)
MARA
MASCAM
MAG
E-Box
Z
X
Y
MicrOmega

図3-17　マスコットの構成

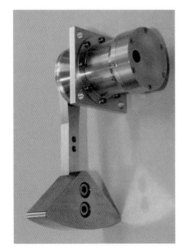

図3-18　マスコットの移動メカニズム

「ミネルバ」からのデータと合わせ、リュウグウの姿を解き明かすデータを提供してくれます。

分離・着陸に成功

　「はやぶさ2」の側面に搭載されていた「マスコット」は、10月3日午前10時57分20秒（日本時間）、小惑星リュウグウの上空約51メートルで分離されました。分離というのは簡単に見えますが、実に緊張する瞬間なのです。これがうまく行かないと、すべてが水の泡になるので、世界中でその瞬間を不安に駆られながら大勢の人が迎え

図3-19　マスコットもジャンプする

図3-20　マスコットの分離　　　図3-21　マスコットの着地

ました。

　そして分離成功[図3-20]！　分離すると、「マスコット」は私たちの歩くスピードよりもゆっくりした速度で自由落下して行きます。私たちが普段お目にかかる石ころなどの自由落下は、かなり速いでしょう？　でも小さな天体では重力が小さいので、生じる加速度が小さく、落下はゆるやかです。

　そして分離後の「はやぶさ2」は、もう自分で何もかも判断して（自律的に）予定の行動を行うので、分離の時点までが地球にいる人間が

「お世話」できる時間帯です。だから分離の時に、「はやぶさ2」の津田プロマネは、これまで長くやってきたチームに対して今までありがとうという意味と、あとは「マスコット」に一任するのでうまくやれよ、という意味を込めて、"Good luck, MASCOT！"と言いました。

　そしてリュウグウの南半球に予定通り着陸しました[図3-21]。

地上で「お世話する」作業

　「はやぶさ2」が自律作業を開始するまでは地上から「お世話する」と書きましたが、実はそう簡単な仕事ではありません。その大変な原因は、地球と「はやぶさ2」の距離です。マスコットを「はやぶさ2」から分離する場所は、地球から約3億キロメートル彼方です。光で20分近くかかります。往復すると40分ですね。「おーい」と呼んだら、「はーい」と答えて、気がついたら40分経っているというわけですから、じれったいですね。

　この、小型ローバーをリュウグウ表面へ導く作業に従事した三枡裕也さんが、その大変さの一環を語ってくれました。図3-22を見てください。「はやぶさ2」から地球上のアンテナへ現在の位置を知らせる情報を送りました(A)→その情報は20分後に管制室に届きます(B)→あらかじめいくつかの選択肢を準備していたチーム(C)は、「はやぶさ2」から届いた情報が20分前の状態だという判断に立ち返ります(D)が、それから送った「はやぶさ2」への「ああしろ、こうしろ」という指令は、指令電波が届くまでの時間や受け取った「はやぶさ2」がその指令を受けて動作を開始するのにかかる時間を、経験からたとえば65分かかると推定します(E)→でもまだ指令は送っていません。現在の時刻は「はやぶさ2」に「ああいろ、こうしろ」とやってほしい時間の20分前です(F)。そして送信→「はやぶさ2」が指令を受け取って作業を開始します。たとえば管制室の指令電波に沿ってガスジェットを噴かして姿勢制御を開始します(G)。

　どうでしょうか。「お世話をする」ためのたった一つのお世話でもこんなに手間がかかるのです。実際の指令はいくつもの複雑な作業指令の組み合わせですから、こうした作業が延々と20時間以上にわたって繰り返されるのです[図3-23]。

　地上なら、隣の人に「おい、その鉛筆、ちょっととってくれない？」と言えば、その「指令」はすぐに実行されますからね。考えただけでも3億キロメートルというのは遠いですね、というよりも、「光や電波は遅いですね」（というのが、管制室の実感です）。

　こうした苦労の末に小型ローバーを無事にリュウグウ表面に送り届けた時の管制室の三桝さんたちのよろこび（というか安堵感）は、なかなか本人でないと感じにくいかもしれませんね[図3-24]。

降下する「マスコット」の姿

　降下していく姿を、「はやぶさ2」の下面にあるカメラが捕らえました。分離の2分20秒後に写した画像[図3-25]には、リュウグウ表面の「はやぶさ2」自身の影、太陽の光を受けてキラキラ光る降下中の「マスコット」、その「マスコット」の影がすべてくっきりと見えていますね。「マスコット」自身のカメラも、分離後約3分半、上空20メートルあたりでリュウグウ表面をくっきりととらえ、そこには自分自身の影も右上に映っています[図3-26]。これらは、3億キロ彼方で写した記念写真ですね。

興奮の中の17時間

　10月2日の夕方（ドイツ時間）から、ケルンの「マスコット」管制室[図3-27]は、約40人の科学者たちの熱気に包まれていました。日本の相模原管制室から着陸の報が届くと、歓喜の拍手と抱擁[図3-28]。「マスコット」の着地点（MA-9）は、マスコットチームにより、ルイス・キャロルの著作に因んで「アリスの不思議の国」と名づけられました。いい名前ですね。

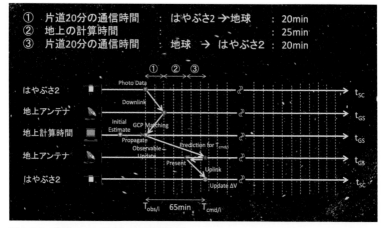

図3-22　制御コマンドにかかる時間要素

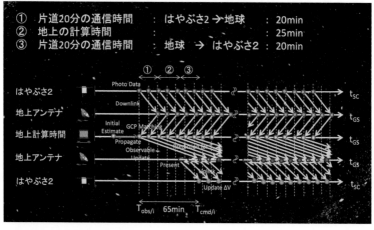

図3-23　10分おきに20時間

　「マスコット」がリュウグウ表面に着陸して静止したのが10月3日午前11時20分ごろ。一方、「はやぶさ2」本体の方は、「マスコット」を分離した後に、高度3キロまで上昇してホバリングをしながら滞在し、「マスコット」が送って来るデータを待ちました。着陸し

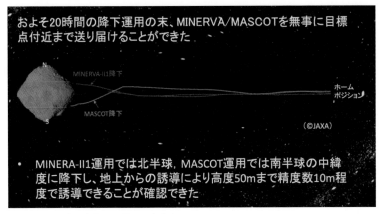

およそ20時間の降下運用の末、MINERVA/MASCOTを無事に目標
点付近まで送り届けることができた

MINERVA-II1降下

MASCOT降下

ホーム
ポジション

（©JAXA）

・ MINERA-II1運用では北半球，MASCOT運用では南半球の中緯
度に降下し、地上からの誘導により高度50mまで精度数10m程
度で誘導できることが確認できた

図3-24　小惑星表面まで届ける大変さ

た「マスコット」は、撮影した画像や
観測データを、待ち構えている「は
やぶさ2」に送ります。そのデータ
は「はやぶさ2」から3億キロ離れた
神奈川県相模原市のJAXA宇宙科学
研究所の「はやぶさ2管制室」に送ら
れ、そこからすぐにドイツのケルン
にある「マスコット」の管制室へ転
送されます[図3-29]。「マスコット」
のデータ処理はすべてヨーロッパの
チームが責任をもって行うのです。
　この「マスコット」の活動時間帯に
は、日本とドイツ・フランスだけで
なく、アメリカNASAも特別の追

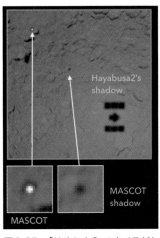

図3-25　「はやぶさ2」のカメラがと
らえたマスコット

跡体制を敷いて協力してくれました。この地球全体に、小さなロー
バーのために仕事をしている多くの人々がいるのですね。素晴らし
いことです。

図3-26　マスコットのカメラもリュウグウをとらえた。右上に自分の影が映っている。

図3-27　ケルンのマスコット管制室

図3-28　喜びのマスコット管制室(ケルン)

　さて、ケルンの管制室も、「はやぶさ2」・相模原を介して、「マスコット」とすぐに連絡を始めました。「マスコット」は、内蔵している一次リチウム電池を使って精力的に観測・調査を開始し、「はやぶさ2」にデータを送り続けました。

　すでに分離の前からスウィッチをオンにしていた磁力計は、太陽風プラズマの運ぶ弱い磁場を検知していたし、探査機による磁場の乱れもとらえていました。カメラも降下中からすでに20枚もの画像を撮影していました。着陸後、「マスコット」の4つの観測機器はす

べて順調に調査をつづけ、着陸場所で一連の予定した観測を終えると、ジャンプして別の場所に移動してそこでの観測を行いました[図3-30]。

図3-29　マスコットの通信系統

すべて順調に作業を行った「マスコット」は、予定したすべてのオペレーションを実行しました。最後により遠くまでジャンプして移動し、そこで、「マスコット」から「はやぶさ2」が見えなくなって交信ができなくなるまで観測を続けました。「マスコット」は、予定を1時間も超えて活動し、リュウグウ表面で、内蔵したリチウム電

図3-30　移動しながら観測するマスコット

池が寿命を終えるまで、充実した17時間を過ごしたのです。「マスコット」は自転が7時間36分の周期なので、「リュウグウ時間」では

昼間が3回、夜が2回訪れました。

　「マスコット」の電池が尽きて静寂を迎えると、膨大なデータを中継した「はやぶさ2」は、ホームポジションの高度20キロへ舞い戻りました。現在「マスコット」は、リュウグウの上で安らかに（永遠の）眠りに就いているわけです。

「マスコット」の移動ルートとリュウグウ表面

　この「マスコット」の移動のルートを確認するために、「はやぶさ2」の下面のカメラが、「マスコット」を追跡しました。そのデータと「マスコット」自身の撮影データを使って、立教大学のチームが「マスコット」の軌跡を明らかにしてくれています［図3-31］。そして「マスコット」は分離直後から、ぐるぐると回転しながら（ということは、あちこち方向を変えながら）リュウグウ表面の撮影を開始しました。そのうちの何枚かを、お見せしましょう［図3-32］。

　これらの写真で見ると、「はやぶさ2」本体のカメラや「ミネルバⅡ-1」のカメラから得られた様子からある程度予想されていたことながら、表面の様子はすごいものでした。あちこちが荒々しい岩で覆われ、岩塊が散らばっています。

　驚くべきことに、細かい物質の積もったところが全く見当たらないのです。リュウグウは、45億数千万年前の太陽系の状況を語る最も古い炭素を含んでいると考えられ、C型と呼ばれる小惑星です。これからのデータ分析で明かされる数々の真実が実に楽しみになってきました。いまドイツとフランスでは、「マスコット」の豊富なデータの解析が一斉に開始されています。

　「マスコット」自身のカメラは、着陸後にもリュウグウの表面の様子を送ってくれています［図3-33］。「はやぶさ2」本体だけでは得られなかったリュウグウ表面ののでこぼこ情報を提供してくれ、その情報は本体のタッチダウンにも生かされるでしょう。でも一方で、あまりの光景の凄まじさに、「はやぶさ2」チームにとっては、「どこに

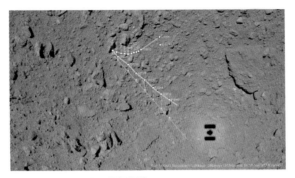

図3-31　マスコットの飛行経路

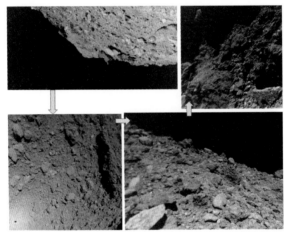

図3-32　落下・回転しながらマスコットがとらえたリュウグウ

着陸すればいいのか」――おそらく最初の大きな試練がやって来ました。最初の難関への対処が、慎重に進められています。

「マスコット」の国際協力の意味

　今回の「はやぶさ2」の仕事全体は、ひとつの国ではできないほどチャレンジングなことが、多くの国が協力することで成し遂げられ

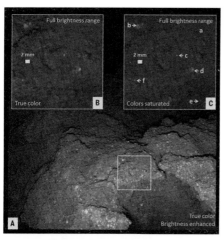

図3-33　静止したマスコットのカメラがとらえたリュウグウ

図3-34　マスコットの着陸地点を議論するヨーロッパのチームの会議

ることを示す好例となっています。その一部である「マスコット」は、ドイツとフランスが8年以上にわたって開発・試験を積み重ねてきたもので、技術文化なども違う両国の科学者・技術者たちがお互いの理解を深めながら働いて、大成功につなげました。これがまた未来への踏み台になっていくでしょう。

国際的な努力の一端を垣間見ることの出来る画像を1枚ご紹介しましょう。図3-34は、マスコットの着陸地点として、科学的な観点からどこがふさわしいかを、このプロジェクトに参加しているヨーロッパの科学者たちが議論しているシーンです（フランス・トゥールーズ）。以前、ローバーの着地点候補を決めた際に、その選定のことを短い文章で書き流したのですが、実際には、こうした一見小さな決定のようでも、背景にはたくさんの人々の内外の努力があるのだという証拠写真です。

第4章
一歩前進・二歩後退
——戦略立て直し

事上磨錬

綢繆未雨

「平坦な場所がない！」
──第一回サンプル採取を来年1月に延期

　宇宙航空研究開発機構(JAXA)は10月11日、今年10月下旬に予定していた「はやぶさ2」の小惑星リュウグウへのタッチダウンを、来年1月以降に延期すると発表しました。それにともなって、2018年の年度内の「はやぶさ2」の運用スケジュールは以下となりました。

・10月14日〜15日：第二回タッチダウン・リハーサル
・10月24日〜25日：第三回タッチダウン・リハーサル
・11月下旬〜12月：合運用

本番1回目のタッチダウンを行う時期は、上記のリハーサルの結果を踏まえて、合運用期間中に検討するということですね。

　このような判断に至った理由は大きく2つあります。

延期の理由1

　これまでの運用でリュウグウの表面状態がよく分かってきたこと。

　図4-01を見てください。左は2018年9月12日の第一回タッチダウン・リハーサルで「はやぶさ2」の望遠カメラONC-Tが高度3キロから撮った着陸候補地L08の写真です。右の赤い丸はL08-Bと名付けられた領域。探査機がタッチダウンする際、試料採取装置(サンプラーホーン)の長さが1メートル程度なので、タッチダウンのときの傾きなども考慮して、50センチ以上の高さの岩がないことが望ましいということでした。この写真で見る限り、50センチよりも大きな岩の存在しない領域で最も広いところがL08-Bです。「マスコット」分離の時に撮った図4-02でもそのことは確認できます。

　ただし、チームは当初、半径50メートル(直径100メートル)くらいの平らな領域なら安全にタッチダウンできると想定したのが、もしL08-Bを狙うとすると半径10メートルになってしまうわけなので、

図4-01　タッチダウン候補地点L08、L07、M04（左）。赤い丸はL08-Bと名付けられた領域。

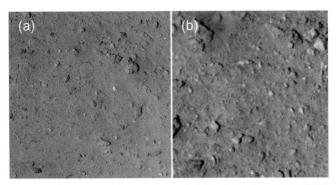

図4-02　MASCOT分離運用の時に、高度約1.9キロからONC-T（望遠の光学航法カメラ）で撮影されたL08-B領域

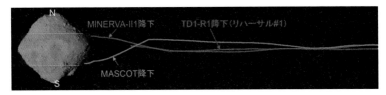

図4-03　3回の降下運用における軌道

かなり厳しい制約ですね。

延期の理由2

　探査機の航法誘導の精度が分かってきたこと。

　一方、これまでの「ぴょんぴょん」と「マスコット」の分離の際、「はやぶさ2」本体が高度50メートルあたりまで降下しました。「ぴょんぴょん」では北半球、「マスコット」は南半球の中緯度で運用したもの。第一回のタッチダウンリハーサルは赤道域でしたが、これらのいずれにおいても、緯度±30°の全域にわたって、高度約50メートルまでは精度10メートル程度で誘導できることが確認できています[図4-03]。これは、タッチダウンに向けて明るい材料ですね。

　そこで、高度50メートルまでは10メートルの位置誤差で「はやぶさ2」を制御できたとして、そこから表面に降りるところで、どこまで精度を保てるかが問題になってくるわけです。何とかしてこのことを確認する必要があります。そこで、タッチダウンそのものは来年に延期して、年内は上記の2回のタッチダウン・リハーサルを実施することに決めたわけですね。

　さてそこで、確認すべきことは、高度50メートル以下での航法誘導精度。その確認においは、まずLIDAR(レーザ高度計)からLRF(レーザ・レンジ・ファインダ：近距離での高度計測)の特性をしっかりと把握しなければなりません。本来なら第一回タッチダウン・リハーサル(2018年9月10～12日)でLRFの確認をする予定だったのですが、そのときには、高度約600メートルまで降下したところで、LIDAR(レーザ高度計)の計測に問題が生じたため、探査機は自律で上昇しました。LIDAR計測については、その設定値が調整され、その後の小型ローバーの分離運用で問題ないことが確認されました。第二回はLRFの特性確認が主要テーマとなります。

　それがクリアされれば、次いで第三回タッチダウン・リハーサルで、LRFの計測結果を制御に取り込んだり、場合によっては、ターゲットマーカー(TM)を分離して、「はやぶさ2」がTMをちゃんと追えることを確認するのでしょうか。

　これから先、とりわけ誘導制御グループの苦労は途轍もないものになっていくでしょう。初代「はやぶさ」のときは、小惑星イトカワの近くに着いてから出発までに数ヵ月しかなかったために、非常に忙しいオペレーションになりました。しかし幸いなことに、今回の2号機は、到着したのが今年の6月、リュウグウを出発するのは来年2019年の末なので、十分に時間があります。じっくりと対策と練り、技を磨くことはできます。
　時間さえあれば可能になる課題では決してありませんが、「はやぶさ2」チームの結束の固さと課題を乗り越えてきた力を見ると、必ずこの難関を乗り越えてくれるだろうと、私は確信しています。今回の着陸延期は、一歩前進・二歩後退―― 賢明な戦略的判断だと思います。

　チームからは「リュウグウ・スキー場はファミリーゲレンデがなく上級者コースしかないスキー場のよう」という声があがっていますが、津田雄一プロマネは、
――「少なくとも試料を1回は採取するのが至上命令。手ぶらで帰るわけにはいかない」
さらに
――「全く新しい世界を探査するので、何もかもが計画通りにいくとは思っていなかった。いよいよリュウグウが牙をむいてきたと感じている。チーム全体の意気は上がっている」
と話しています。腰の備えが実にしっかりしていて、頼もしい言葉です。

成果が多かったタッチダウン・リハーサル

小惑星の巨大岩を「おとひめ」と命名

　「はやぶさ2」が挑んでいる小惑星リュウグウの南極に巨大な岩のあるのに気づいていましたか？　あちこちに巨大な岩がゴロゴロしていますが、図4-04の一番下(南)の端のものがイヤに目立ちますね。さる10月末まで米国テネシー州ノックスビルで開催されていた米国天文学会の惑星部会(DPS)──これは惑星研究では世界最大の学会です──では、「はやぶさ2」の特別セッションが組まれ、学会の1つのセッションが「はやぶさ2」だけの発表で行われました。ここで、日本チームは、このリュウグウの南極にある巨大な岩を、「おとひめ(乙姫)」と名づけたと発表しました。

　実はこの岩は、他の部分よりも青みが強いのですが、それは宇宙風化などの影響が少なく、宇宙空間にさらされている時間が短いことを意味しています。ということは、他の部分よりも新鮮だということで、それが最近リュウグウに外から付け加わったのか、何か事件が起きたため表面が剥がれて内部の物質が露出したのかは不明ですが、ともかく他の地域に比べて新鮮であるということです。

図4-04　おとひめ

　リュウグウは直径約900メートルで、この巨岩は、幅が100メートル以上ありますから、ひときわ存在感がありますね。それだけ研究に値する岩です。北極や南極は着陸が難しいことは確かだけど、岩の上に着地してサンプルを採取するなんてサーカスみたいなことはできないしねえ。残念ながらこの岩のサンプルを研究することは

あきらめざるをえませんね。

　津田プロマネと電話で話した時、「100メートルの精度で降りられるなら、いっそこの岩の上に降りられたらいいのにね」と(もちろん冗談で)言ったら、彼は即座に「考慮の範囲に入れるようにします」と答えました。全く気持ちのいい青年です。頭のよい答え方ですね。

圧巻だった2度のタッチダウン・リハーサル

　「はやぶさ2」は、さる10月14-16日に行った第二回タッチダウン・リハーサルで、高度22.3メートルまで降りることに成功、そしてさらに10月23-25日に実施した第三回タッチダウン・リハーサルでは、高度12メートルに達しました。**図4-05**に、三回目の時にどのような手順で行われたかを(ちょっと複雑で分かりにくいけど)図示してあります。「リハーサル」というのは、(放送や演劇などで)個々の場面を本番と同様に進めて、進行の手順を確認することです。略して「リハ」などと言ったりします。でも「リハビリテーション」も「リハ」ということがあるらしいから、気を付けないと誤解を生みます。

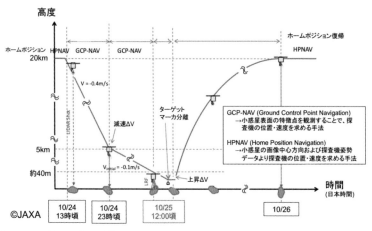

図4-05　第三回タッチダウン・リハーサル

図4-06　LIDARによる距離計測

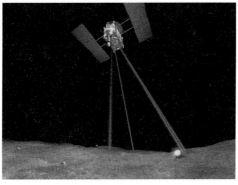

図4-07　LRFによる距離計測と地面傾斜の計測

普段「はやぶさ2」が滞在している場所は、リュウグウの上空20キロの「ホームポジション」と呼んでいるところです。ここからリュウグウの表面に向かって降りる時は、もちろん距離を測定しながら行きます。距離を測る機器は、途中で「タッチ交替」になります。LIDARとLRFのことを少し説明しておきましょう。

まず降り始めの時はLIDAR（レーザー高度計）から図4-06のようにレーザーを1本発射し、反射してくるまでの時間を測定して、リュウグウ表面への距離を測りながら降下していきます。高度が100メートル辺りになると、地上から指令を出したのでは間に合わなくなるので、降下の作業は、「はやぶさ2」自身が鉄腕アトムのように、搭載コンピューターの命令に従いながら自分で何もかもやらなければなりません。

問題は、いよいよ着地が近づいてきたときです。「はやぶさ2」は、自分の体の底面が、できるだけ地面に沿った姿勢で着地してサンプルをとるため、地面の傾きを正確に把握していなければなりません。

たとえば水平に着地したつもりなのに地面が大きく傾いていたりすると、ひっくり返ってしまいますからね。

　地面の傾きを知るにはどうしたらよいか。「はやぶさ2」から発しているレーザーが1本だけだと、地面のたった一つの点までの距離しか測れないでしょ？　それならレーザーを何本か発射して、数ヵ所の地点まで距離が分かれば地面の傾きが判断できますね。実は最低限3ヵ所が分かればよいのですが、念のため4ヵ所計っておくことにしましょう。つまりレーザーを4本発射すればいいですね！その機器がLIDARに代わる近距離レーザー距離計（LRF：レーザー・レンジ・ファインダー）なのです[図4-07]。でも私の邪推かもしれませんが、こんなに凸凹の地形だと、4本のレーザーのうちの何本かがおそろしく歪な岩で反射したりすると、測定するたびに傾斜角の測定値が大きな散らばりを見せるのではないかと、ちょっぴり心配です……。まあお手並み拝見。

　「はやぶさ2」では、高度30〜50メートルあたりで、LIDARからLRFに切り替えることにしてあります。おそらくその高度の決め方が非常に重要だと思いますが、それは誘導制御チームの考え一つですね。

　もちろんこの切り替えも「はやぶさ2」自身がやります。先日の2回目の降下リハーサルで、LRFが想定通りに機能することを確かめました。しかも、「はやぶさ2」が半径約5メートルの円の中心を狙って降りて行けば、その円の内側に到達できることを確認したと聞きました。着地の候補地L08の内部に、半径10メートルくらいのかなり平坦そうなところがあり、そこを狙いたいのでしょう。そして3回目には、もっと高い着地精度を確認した可能性があります。

　「はやぶさ2」は、左右に大きくひろげた太陽電池の翼を持ち、長さ約1メートルの試料採取装置（サンプラーホーン）の先端を表面にくっつけて試料を取ります。大きな岩が表面にあると機体が傷つく恐れがありますね。ところが、これまでのリュウグウ表面の写真で

は、どこもかしこも岩だらけで、平坦な場所などないように見えます。そこで、高度を下げて地形をよく見極め、着地の精度をうんと高める必要が出てきたのです。

　チームは、今回のリハーサルで「狙った場所に着地する」自信を深めたようですから、これから年末年始にかけて、リハーサルで得られた豊富な情報を基に十分な議論・検討をし、来年1月末以降の着陸で、念願のサンプル採取に成功して欲しいものです。

史上最高解像度の小惑星の写真

　第三回タッチダウン・リハーサルでは、最低高度の22.3メートルに達したのですが、そのちょっと前、望遠の光学航法カメラ（ONC-T）によって、高度約42メートルからリュウグウ表面を撮影しました［図4-08］。これは、これまでで最も高解像度の画像。直径2〜3センチの非常に細かい岩石まではっきりと視認できます。探査機から撮影した小惑星表面の画像としては、史上最も解像度のよいものです。

　この画像から分かる特徴は、レゴリス（砂のような物質）が見られないということです。これは、これまで得られた画像からも推定されていましたが、この画像でよりはっきりと分かります。また色が違う小石が混ざっていますが、リュウグウ表面の物質がミキシング（混じり合うこと）した証拠かもしれませんね。サンプルを地球に持ち帰った後の分析で大いに参考になることでしょう。

　第二回のリハーサルの際、タッチダウンの最有力候補地点のL08-Bも撮影されています［図4-09］。これを見ても、L08-Bには、確かに大きな岩塊（ボルダー）は存在しないことは分かります。ただし、右上に崖みたいな大きな岩がありますね。要注意。お遊びですが、この図の探査機の影の部分を拡大すると図4-10のようになります。3億キロ彼方で自分の体のソーラーパネルの隙間や、2つのスタートラッカーなどが見えているというのも、一種の快感ですね。

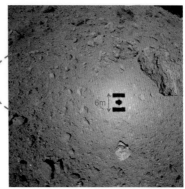

図4-08　第三回リハーサルで撮った高度42メートルからの画像

図4-09（右上）　高度約47メートルにおいてONC-W1で撮影されたリュウグウ表面。赤い丸がL08-B領域

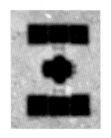

図4-10（右下）　「はやぶさ2」の影を拡大して見ると……

18万人が浦島太郎になった！

　もう一つ、ぜひ報告しておかなければならないことがあります。第三回のリハーサルでは、着陸する際に探査機を誘導する目印である「ターゲットマーカー」[図4-11]を落とし、無事着地したことも画像で確認できました[図4-12]。

　JAXAは、2013年に「はやぶさ2」のターゲットマーカーと帰還カプセルに載せる名前・メッセージの募集を実施しました。みなさんやみなさんのご家族の中には、それに応募した人もいるかもしれませんね。今回投下したターゲットマーカーのすべてに、世界中の人びとが応募した18万人の名前が搭載されているのです[図4-13]。その18万人の人びとは「リュウグウ」にやってきたのです。現代の浦島太郎たち！

図4-11　ターゲットマーカー

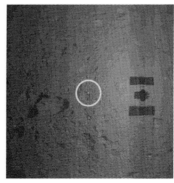

図4-12　「はやぶさ2」のカメラで着地を確認したターゲットマーカー

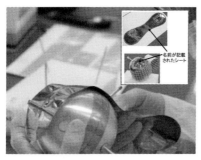

名前が記載されたシート

図4-13　ターゲットマーカーに刻まれた人々の名前

ターゲットマーカーとは何か？

　さる10月23日から実施した第三回タッチダウン・リハーサルで、「はやぶさ2」は、搭載しているターゲットマーカー1個を分離し、リュウグウに投下しました。ターゲットマーカーの大きさは直径10センチほどで、周りに貼り付けられた反射フィルムが「はやぶさ2」から発せられたフラッシュによって(再帰反射で)明るく輝きます[図4-14]。これを目印にして、「はやぶさ2」はリュウグウへの着陸に挑みます。

　その後の発表によると、このターゲットマーカーは、予定では半径10メートルの範囲の中に落とすはずでしたが、およそ5.4メートル外側に着地しました。まあまあの着地精度ではありますが、「は

「やぶさ2」チームは、当初の目標より離れた場所にあるターゲットマーカーをどう利用すると確実な着陸ができるか、現在慎重に運用の方法を検討しています。

図4-14　フラッシュを受けて輝くターゲットマーカー

タッチダウンのために必要なのは、まず、高度の情報です。これは「はやぶさ2」に搭載しているLIDAR(レーザー高度計)とLRF(レーザー・レンジ・ファインダー)で測定できます。しかし、宇宙空間を移動する「はやぶさ2」は水平方向にも動きます。この水平方向に動く(横向きの)速度を正確に測定しないと、目標地点へ行けなかったり、タッチダウン時にバランスを崩してしまったりしかねません。そこで、ターゲットマーカーをタッチダウン地点に投下して、「はやぶさ2」を誘導します。

「はやぶさ2」が発するフラッシュによってターゲットマーカーが光り、その光を搭載しているカメラで認識することによって、「はやぶさ2」は自分の位置を検出します。こうすることによって「はやぶさ2」は横向きの速度を測定しながら小惑星リュウグウにタッチダウンをする予定です。

ターゲットマーカーは「人工的な灯台」とも言われます。重力が極めて小さい小惑星上空から物体を落とすと、普通は大きくバウンドしてしまうため、上から落としても弾まない「お手玉」を参考に、アルミ製の硬いボールの中にポリイミドという樹脂のビーズをたくさん詰めて跳ねにくくしています。日本のおもちゃが貴重なヒントになったのですね。

初代「はやぶさ」では「星の王子さまに会いにいきませんかミリオンキャンペーン」として、世界の139ヵ国から約88万人の名前が集まり、それらの名前が入ったターゲットマーカーが小惑星イトカワ

図4-15　このすべてのターゲットマーカーに人々の名前が刻まれている

に届けられました。「はやぶさ2」でも同様のキャンペーンが実施され、今回はターゲットマーカーと採取した試料を地球へ届けるカプセルへ搭載する名前やメッセージ、イラストを募集しました。その結果、ターゲットマーカーには約18万人、カプセルには約23万人が応募しました。「はやぶさ2」に搭載された5個のターゲットマーカーのそれぞれに18万人全員の名前が入っているんですよ〔図4-15〕。

作業の順序としては、高度20メートル付近でLRFを使って高度を維持できることを確認し、続いて化学エンジンを横方向へ噴射することによって、自転している小惑星の目標地点の上空にとどまらせます。そして、ターゲットマーカー1個を下へ向かって分離し、フラッシュを発して探査機がターゲットマーカーをとらえられることを確認します。このような操作が、3億キロの彼方ですべて自動でやられるわけです。

2018年11月7日

小型モニタカメラが"クール！"な画像

さてところで、第三回タッチダウン・リハーサルで「はやぶさ2」がリュウグウ表面に近づいたとき、CAM-H（小型モニタカメラ）での撮影を試みました。CAM-Hは国民のみなさんから寄せていただいた寄附金により製作・搭載されたものです。「はやぶさ2」の側面の一

番下の縁付近に取り付けられています。サンプラホーンの先端を中心に、その背景も動画で撮影します。たとえばそのうちの1枚を図4-16にお見せしましょう。素晴らしい記念写真です。タッチダウンの際には、おそ

図4-16　CAM-Hの撮影画像

らく歴史に残る素敵な映像を提供してくれるでしょう。みなさんと「はやぶさ2」チームが協力して作り上げた大傑作です。

　CAM-H担当の澤田弘崇さんの喜びの言葉

——「非常に良い画像を撮ることができました！　探査機から画像データを地上に送るときは、どんな画像が降りてくるかなとドキドキしていましたが、リュウグウの表面とホーンが写っている画像をみて嬉しくなりました。1秒ごとの画像をつなげると上昇している様子が良く分かります。ご支援頂いたみなさんにも喜んで頂けるかと思います。サンプラー、CAM-H双方の担当としても、本番のタッチダウンに向けて良いリハーサルを行うことができました」

2018年11月10日
着陸戦略の転換
——タッチダウンをピンポイントにするために

　打ち上げ前に考えていたような「100メートルの広場」はどこにも見つからない。かなり割引しても、見つかったのはせいぜい「20メートル広場」ぐらい。さらに厳しく確実さを追求すると、数メー

トルの誤差で舞い降りないとサンプルをとれそうもない……。着陸オペレーションを担当する誘導制御チームは悩んでいました。

どうやって狭いターゲットに降りるか？　実は初代「はやぶさ」のプロジェクト・マネジャーだった川口淳一郎さんは、ターゲットマーカー(TM)を放出した探査機がそのままTMを視野に収めながら降下していって、TMの着地点付近にタッチダウンするという初代「はやぶさ」が採用した方式は、ある程度の「広場」がない場合は厳しいだろうと気づいていました。だから着陸精度をよくするには、あらかじめTMを(もちろんできるだけターゲットのど真ん中に近いところを狙って)落とし、探査機の方はいったん上空に戻って、TMとターゲットの相対位置を正確な観測で見極めた上で、あらためて探査機本体を制御しながらタッチダウンする方式をとった方がいいと後輩たちに勧めていました。

初代の方法を「はやぶさ方式」、新しいやり方を「ピンポイント方式」と呼ぶことにすると、それは**図4-17**のようになります。

確かに、初代の方式だと、ターゲットマーカーの着地点が予想と外れた場合はちょっと危険になる可能性がありますね。「はやぶさ2」の誘導制御チームは、リュウグウに到着して岩だらけの恐るべ

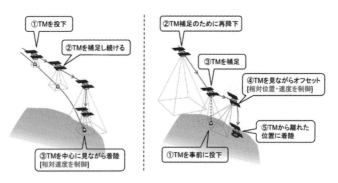

図4-17　はやぶさ方式とピンポイント方式

き表面を見るにつけ、「ピンポイント着陸」を採用しなければ、とても狙ったところへの安全な着地は難しいと考えたに違いありません。到着して2ヵ月くらい経った2017年8月ごろには、「ピンポイント着陸」のための技を必死に練り始めていたそうです。だから、先日のタッチダウン・リハーサルもこの方式で行ったわけです。

2018年11月12日

BOX運用をやりました
——「はやぶさ2」

　「はやぶさ2」が普段いるところは、小惑星リュウグウの表面から20キロ上空です。もっとも上とか下とか言っても、宇宙空間ではどっちか分かりませんね。リュウグウの表面から見上げて、そこに「はやぶさ2」がいれば、それが「上空」というだけですが……。ともかくそこを「ホームポジション」と呼びます。そこが「はやぶさ2」が滞在している「現住所」ですね。

　リュウグウ表面からサンプルを採取することが最大の目的ですが、それを実行していないときは、ホームポジションから出かけて行って、いろいろと調査活動をします。行く場所は、近くの空間に箱のような地域(BOX)を決めて、BOX-A、BOX-B、BOX-Cなどと命名しています。これは以前に説明済みです。

　さる10月27日から11月5日にかけては、BOX-C運用をしました。これは2回目のBOX-C運用で、10月30日に高度5.1キロまで降りて、レーザー高度計や光学航法カメラでの観測をしました。そして11月1日には、高度2.2キロまで降下して、先日のリハーサルでリュウグウ表面に着陸させることに成功したターゲットマーカーの撮影をしました。その写真が図4-18です。

　左では映っていなかったのが、右では「はやぶさ2」からのフラッシュを反射して光っていますね。参考までに、ターゲットマーカー

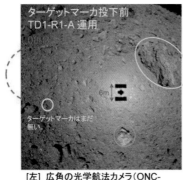

ターゲットマーカ投下前
TD1-R1-A 運用

L08B

6m

ターゲットマーカはまだ
無い

[左] 広角の光学航法カメラ（ONC-
W1）による撮影
2018/10/15　22:45（JST）
高度：47 m

[右] 望遠の光学航法カメラ（ONC-T）
による撮影
2018/11/01　11:17（JST）
高度：2.4 km

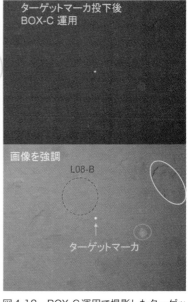

ターゲットマーカ投下後
BOX-C 運用

画像を強調

L08-B

ターゲットマーカ

図4-18　BOX-C運用で撮影したターゲッ
トマーカー

1m

図4-19　着陸候補地（左上の方角）を狙った
ターゲットマーカーは少し離れた場所（矢印）
に落下した。

を投下した時のリハーサルの日に、望遠カメラを使って撮った写真
も掲げておきます［図4-19］。

「はやぶさ2」が合運用に入りました

　「合」(ごう)という言葉を初めて聞く人もいるでしょうね。地球から見た時、リュウグウが間もなく太陽の向こうに重なってしまうような現象です。見える方向がちょうど「合う」のですね。この時は、太陽の光が明るすぎて「はやぶさ2」の姿など地球から見ることができません。そのことはまあ見えるようになるまで待てばいいだけのことなのですが、実は困ったことに、太陽が放射している電波が邪魔になって、地球局と「はやぶさ2」との交信が非常に難しくなってしまうのです[図4-20]。今回の「合」は、2018年11月下旬から1ヵ月あまり続きます。

　「合」によって通信がたどたどしくなることを考慮して、一応この間の運用を3つの時期に分けています。

　(1)11月18日～11月29日——太陽・地球・「はやぶさ2」のなす角度が6度～3度くらいまで減少しますが、まだ辛うじて通信は細々とできます。その間に搭載カメラで観測を行うほか、合が過ぎた後の運用も見据えて、「はやぶさ2」の姿勢も変えておきます。その軌道制御の作業は11月30日に予定されています。

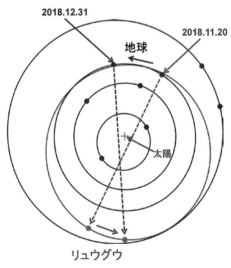

図4-20　「合」における地球とリュウグウの位置

(2)11月30日〜12月21日——太陽・地球・「はやぶさ2」のなす角度が3度以下になるので、しばらくはもう「はやぶさ2」との直接連絡はできない状態になってしまいます。しかし「転んでもただでは起きない！」「はやぶさ2」チームは、この期間も「はやぶさ2」から送られてくる電波を受け取る「受け身の努力」だけはつづけます。何のためか？

この「合」の時の位置関係を見ると、「はやぶさ2」の電波が太陽のすぐそばをかすめて地球に届いてくることが分かりますね。すると、太陽の「大気」を通り抜ける時の「はやぶさ2」の電波の変化によって、太陽の大気の研究ができるのです。「電波科学」と呼ばれる分野の仕事ですね。

(3)12月22日〜2019年1月1日——合の期間を終えて「はやぶさ2」の仕事を元に復帰させる運用をします。2日間ほど観測して、12月25日に軌道を制御し、「はやぶさ2」は12月29日に微調整をし、なつかしい「ホームポジション」に戻ります。小惑星リュウグウから20キロの位置ですね。

そこからは、1月末のサンプル収集に向けて本格的な準備が始まるのですね。こう見てくると、「はやぶさ2」のチームには、暮れも正月もないようですね。相模原の管制室などでの年越しは、家族にとっても大変な年になりそう。

チームのつぶやき

というわけで、合運用に向けていそがしく働いている「はやぶさ2」チームの一人が、次のような「つぶやき」をホームページに載せています。

——探査機は日本の臼田局から見えない時間に観測を行いますので、そのデータダウンロードは深夜の海外局の仕事になります。探査機は太陽の方向に居ますので、地球上で昼の国で「はやぶさ2」を追いかけることになります。まるで谷川俊太郎の詩『朝の

リレー』のようです。『ぼくらは朝をリレーするのだ　経度から
経度へと　そうしていわば交替で探査機を守る』。──

2018年11月29日
「はやぶさ2」現在の状況
──中間総括

　いろんなニュースをお知らせしたので、こんがらがっている人も
いるかも知れませんね。そこで今回は、「はやぶさ2」が現在どうい
う段階にあるのかを、まとめておきましょう。

　そもそも「はやぶさ2」の目的は、小惑星リュウグウに着陸し、そ
の表面からサンプルを採取して地球に帰還することです。無事帰還
した後は、その分析を通じて太陽系の起源、生命の起源に迫ること
になります。

　まず**図4-21**を見てください。これは宇宙航空研究開発機構
(JAXA)が発表した「はやぶさ2」のミッション全体の流れです。2018
年6月末に目指す小惑星リュウグウに到着して以降にやるべき仕事
の中で、最も重要なことはサンプルの採取で、それを1年以上かけ
て2回くらい行った後、インパクターという衝突装置を分離し、そ
れをリュウグウ上空で爆発させて金属の破片をリュウグウに高速で
打ち込みます。その時にできるクレーターにも降りて行って、サン
プルを採取します。そして2019年末にリュウグウのそばを離れて
地球に向かい、2020年末にオーストラリアに帰還するという筋書
きです。JAXAが現時点で発表しているミッション・スケジュール
は**図4-22**のようなもので、いまは太い点線のところ、つまり「合」
運用を行っているわけです。「合」運用は、先日お話ししましたね。

　初めの計画では、第一回目の着地・サンプル採取は、10月に予
定していました。ところが、リュウグウ表面は予想よりもはるかに
岩石だらけで、安全に降りられる場所がなかなか見つからなかった

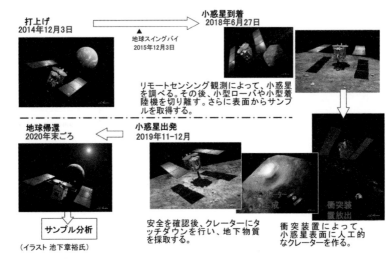

図4-21 「はやぶさ2」の流れ

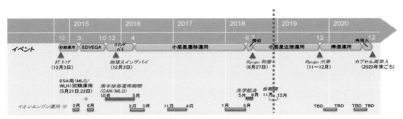

図4-22 「はやぶさ2」のミッション・スケジュール

ので、その第一回着地・サンプル採取を2019年（来年）の1月後半以降に延期しました。そして降下リハーサルを3度試みて、徐々に着地の予想精度を向上させてきています。

　打ち上げ以来非常に順調だった「はやぶさ2」だけに、到着して約5カ月も経って、まだ一度もリュウグウに降り立てないという現在の難関は、チームにとって大変な試練となっています。でも「はやぶさ2」のメンバーは、くじけるどころか意気軒昂にこの難題に挑んでいます。行って見るとリュウグウという相手は、初代「はやぶ

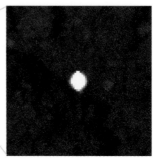

図4-23　「はやぶさ2」の望遠カメラで撮影したターゲットマーカー

さ」とはまた一味違った手強い相手ですが、もともと困難に遭遇することは前提で挑戦しているミッションです。

　高いところからの撮影で、赤道付近100メートル四方を候補地に決定し、中心を狙って50メートルくらいの誤差なら安全に着陸できそうだったのですが、9月から10月にかけて、小型ローバーなども使いながら詳細に調べてみると、予想をはるかに超えて、どこもかしこも岩石ばかりの実態が判明し、頭を抱えることになりました。しかし劇的な戦果が、10月25日の最後のリハーサルで訪れました。「はやぶさ2」の現在の降下・着地精度を調べるため、着地の際の目印となる「ターゲットマーカー」を落としたところ、狙った場所からわずか15.4メートルのところに落とすことができたのです[図4-23]。それは、前向きの見方をすれば、着地の誤差15メートルくらいが達成されたことを意味します。

　こうして作戦計画は、「広い場所をどう見つけるか」から、「狭い場所にいかに正確に着陸するか」という積極果敢な転換をなしとげました。これは「はやぶさ2」が現地でかちとった成果です。だから現在は、着陸できる範囲を、直径わずか20メートルの場所に決め

ています。とはいえ、依然として、中心を狙って誤差10メートル以内に着地しなければならないという厳しい条件が、「はやぶさ2」チームにのしかかっているわけですね。

　これ以降、年末から年始にかけての懸命のデータ解析と議論で、着地誤差をもっと減らせるかどうか、そして「ターゲットマーカー」をどう使うか──この2つのテーマについて見通しを得たいものです。インパクターを使ったサンプル採取を含め、3回の着地計画に許されている期間は、帰還の準備を含めると、おそらくあと半年でしょう。みんなで応援して、チームに力を送ってあげましょうね。

第5章

「オサイリス・レックス」
——米国のサンプルリターン

渭樹江雲

同帰殊塗

「オサイリス・レックスが」小惑星到着

　今週は、地球から見ると、リュウグウと太陽の方向がほとんど一致するので、「はやぶさ2」との交信はほとんどできなくなります。ということは、しばらくは、「野次馬」はお休みということになりますね。

　さて、ちょうどその時期に合わせているわけではありませんが、アメリカの小惑星サンプルリターン機「オサイリス・レックス」［図5-01］が、12月4日、目標の小惑星ベヌー（ベンヌ）に到着しました。こういう言い方は失礼かもしれないけれど、「アメリカ版はやぶさ」ですね。NASAは、太陽系内の遠くにある天体を探査するシリーズである「ニューフロンティア計画」というプログラムを実施しており、最初が冥王星に行った「ニューホライズン」、2番目が木星探査機「ジュノー」、3番目がこの「オサイリス・レックス」です。

　「はやぶさ2」がその接近軌道で奮闘をつづけている2016年秋、米国版の小惑星サンプルリターン計画が、飛行の産声をあげました。私の「喜・怒・哀・楽の宇宙日記」を遡って繙いてみることにしましょう。

「オサイリス・レックス」打ち上げ成功

　9月9月、アメリカの探査機「オサイリス・レックス」が打ち上げられました［図5-02］。「オサイリス・レックス」が向かう目標も、「はやぶさ」や「はやぶさ2」の目標と同じ「地球近傍小惑星」です。到着は2019年ころ。ここで約1年半にわたって、周辺の観測、そして最低3回のサンプル回収へのチャレンジを行い、2023年、アメリ

カ・ユタ州の砂漠に帰還します。

「オサイリス・レックス」と「はやぶさ」

　先月、米国航空宇宙局(NASA)が打ち上げた探査機「オサイリス・レックス」が向かうターゲットの小惑星の名は、2013年、公募に基づきエジプト神話の不死鳥ベンヌに因んで「ベヌー」となりました (アメリカの人たちはベヌーと発音しています)。大きさはほぼ500メートルくらいと推定されていますから、2010年に地球帰還した「はやぶさ」(1号)が訪れた「イトカワ」と同じくらいですね。一方、一昨年12月に日本の宇宙航空研究開発機構(JAXA)が種子島から送り出した「はやぶさ2」が現在めざしている小惑星「リュウグウ」は900メートル程度と考えられています。

　「オサイリス・レックス」の目標である「ベヌー」は、これまでの観測から、2169年から2199年までの間に8回地球に接近し、そのどれかで衝突する可能性が(わずかながら)あることが判明していま

図5-01　アメリカの小惑星サンプルリターン機「オサイリス・レックス」

図5-02　「オサイリス・レックス」を搭載して打ち上げられたアトラスⅤロケット(ケープカナベラル)

す。だから、研究しておく価値は十分にあるわけですね。

「オサイリス・レックス」のサンプル回収の方法は、世界最初の小惑星サンプルリターンをなしとげた「はやぶさ」と少し異なります。

「はやぶさ2」は、探査機から伸びた「サンプラーホーン」という筒を通って、上部から弾丸が発射され、小惑星表面に激突、飛び散った破片をキャッチし、帰還カプセルへと押し込みます。これに対して「オサイリス・レックス」では、小惑星の表面にチッ素ガスを噴射し、表面の物質を吹き飛ばして、舞い上がったチリを回収します。サンプルを採取した後は、ロボットアームを使って回収カプセルに収納します[図5-03]。

アメリカのやり方の方が、サンプルに与える影響が少ないと思われますが、それも、130億円の「はやぶさ」に対し、「オサイリス・レックス」は総事業費が1000億円をはるかに超える潤沢な予算をかけていることで可能になったと思われます。

JAXAとNASAは2014年11月17日、「はやぶさ2」と「オサイリス・レックス」が回収したサンプルを分け合う協定に署名しています。「リュウグウ」はC型、「ベヌー」はB型で、小惑星のタイプが異なるので、サンプルを分け合うことでお互いの研究は一層意義あるものになるでしょう。

図5-03　「オサイリス・レックス」のTAGSAMによるサンプル採取

「オサイリス・レックス」の地球帰還までは足掛け7年の長旅——「はやぶさ2」とともに楽しみですね。「オシリスの伝説」って、聞いたことがありますか。閑話休題6に書いておきます。

小天体ミッションの系譜
—— 1980年代のハレー探査

　小さな天体を訪れる宇宙ミッションは、1985年のハレー彗星探査で幕を開けました。人類が宇宙時代を迎えた1957年のスプートニク打ち上げ以来、月とか火星や金星などの大きな惑星をめざしていた人類が76年ぶりに地球に回帰したハレー彗星をめざして、世界中の協力でその接近観測に挑戦したのは、実に素敵な試みでした。ハレーに接近した探査機は6機を数え、世に「ハレー艦隊」と呼ばれました[図5-04]。

　日本も2機のハレー彗星探査機を打ち上げました。その国際共同観測は大成功をおさめ、ハレー彗星が去った1986年の秋にイタリアで総括会議が行われた際には、時のローマ法王パウロ2世が強い関心を示し、「ぜひバチカン宮殿に来て話をしてくれ」と、会議の参加者に報告をねだったほどでした。

　それ以来、太陽系の誕生の頃の物質が体内に保存されていると考えられる彗星や小惑星に、惑星科学者の目が多く向けられるようになりました。それは、太陽系の起源を知り、その進化の跡をたどることが、地球の未来を知る上でも非常に重要な情報になるからでもあります。その一環として、世界初の小惑星サンプルリターンに挑み成功させた「はやぶさ計画」は、この太陽系初期の真実に迫る重

図5-04　ハレー艦隊

131

要な一里塚となりました。

　そしてこの小惑星探査は一歩進んで、岩石だらけの小惑星から、生命誕生の謎を探る研究に舵を大きく切っています。それが、「はやぶさ2」であり、「オサイリス・レックス」なのです。21世紀は「いのちの世紀」と言われます。私たちのいのち、地球に生きるさまざまな仲間のいのちを守るためにも、生命の起源の研究に貢献する小惑星探査ミッションに関心を寄せ、みんなで応援しましょう。ということで、さてここで日記を現在に戻しましょう。

2018年12月15日
オサイリス・レックス計画のあらまし

オサイリス・レックス計画のあらまし
　2016年9月9日（日本時間）にアトラスＶロケットに搭載されて打ち上げられたNASA（米国航空宇宙局）の「オサイリス・レックス」は、2017年9月22日の地球スウィングバイを経て、2019年12月4日（日本時間）、目的の小惑星ベヌーに到着しました。他の惑星やリュウグウの軌道と一緒に、「オサイリス・レックス」の軌道を載せておきます［図5-05］。

　「オサイリス・レックス」は、この小惑星に約500日という長期にわたって滞在し、2020年半ばまでは小惑星全体の詳細な撮影・観測を行います。そして、十分に準

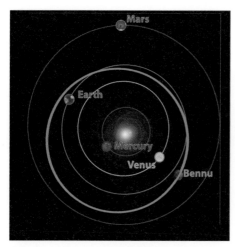

図5-05　ベヌーとリュウグウの軌道

備を整えて、2020年7月、メイン・イベントであるサンプル採取に
挑みます。なお、取得するサンプルの目標は、最低でも60グラム、
多ければ2キログラムと設定されています。

　そして2021年の早い時期にベヌーを出発し、地球に帰還するの
は2023年9月ということになっています。カプセル回収はアメリ
カ・ユタ州の砂漠です。その後、カプセルはアメリカ・テキサス州
のジョンソン宇宙センターに移送され、一部を保管して、分析の作
業が開始されます。

小惑星ベヌー

　現在軌道の分かっている80万個くらいの小惑星の中からベヌー
が選ばれた理由は、

①地球スウィングバイを使えば比較的小さなエネルギーで到達で
　き、タッチダウン・サンプル採取をしやすい自転周期を持つ、

②非常に古い天体で、10〜20億年前に母天体が衝突によって壊
　れ再び集積してできた可能性があるが、成分は太陽系の初期
　（約46億年前）から変化していないだろう、

③水や有機物を豊富に含む岩石があり、生命の起源に迫るデータ
　が期待できる、

④将来地球に衝突する確率が最も高い天体の一つであること、

などいろいろ。

　2013年5月1日、NASAは、小惑星探査機「オサイリス・レック
ス」が探査を行う小惑星1999RQ36に、公募によって「ベヌー」と言
う名前が与えられたことを発表しました。

　ベンヌ（英語読みはベヌー）は、エジプト神話に伝わる不死鳥［図5-06］
で、「鮮やかに舞い上がり、そして光り輝く」とされ、長い嘴を持つ
黄金色に輝く青鷺。冥界の王オシリスの魂であるとも考えられてい
るので、ミッションのターゲットにふさわしいと考えられたので
しょう。

図5-06　古代エジプトに伝わる不　図5-07　ベヌー（リュウグウと似たもの同士）
死鳥ベンヌ

表　ベンヌとリュウグウの対照表（類似点と相違点）

類似点・相違点	ベヌー	リュウグウ
天体分類	地球近傍天体	
発見	1999年にMITのLINEARグループが発見	
母天体	おそらく「ポラーナ・エウラリア族」の小惑星	
自転	地球と逆向きに自転している	
軌道傾斜角	6.0度	5.9度
小惑星の型	Bタイプ（炭素豊富）	Cタイプ（炭素豊富）
公転周期	438日	474日
自転周期	4.3時間	7.6時間
公転半径	1.1天文単位	1.2天文単位

　なお、ベンヌはこの世の最初に誕生した鳥で、ベンヌの鳴き声に
よって、この世の「時間」が開始されたともされています。小惑星ベ
ヌーに近づいて驚いたのは、リュウグウとよく似て、そろばん玉の
ような形をしていることです[図5-07]。形と大きさをリュウグウと
比較してみました(表)。

探査機の構成

　チームは、これから送られてきたデータを整理した後、表面の高

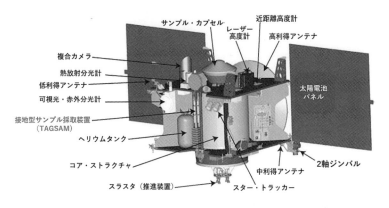

サンプル・カプセル
レーザー高度計
近距離高度計
高利得アンテナ
複合カメラ
熱放射分光計
低利得アンテナ
可視光・赤外分光計
接地型サンプル採取装置（TAGSAM）
ヘリウムタンク
コア・ストラクチャ
スラスタ（推進装置）
太陽電池パネル
2軸ジンバル
中利得アンテナ
スター・トラッカー

図5-08 「オサイリス・レックス」の構成

解像度の画像を取得したり、軌道はもちろん、大きさ・質量分布・自転周期など、ベヌーの全体像を詳細に把握します。この調査も小惑星探査の重要な一環ですが、メインのミッションは、2020年7月に予定されているサンプル採取ですね。それまでの調査はサンプル採取の戦術を練り上げるために、最大限活用されます。

　「オサイリス・レックス」の大きさは、縦横高さがいずれも3

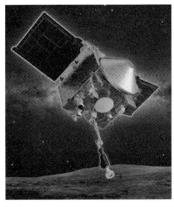

図5-09 「オサイリス・レックス」のサンプル採取

メートル前後で、**図5-08**のような構成です。小惑星ベヌーの表面からサンプルをとるときに使う機器は、TAGSAM（タッチ・アンド・ゴーによるサンプル採取メカニズム）と呼ばれるものです。「オサイリス・レックス」は、サンプル採取地点に秒速10センチで接近し、上空25メートルから複合カメラ（OCAMS）で最終的な着地点を定めます。ロボットアーム（長さ3.35メートル）を伸ばして接地させ[図5-09]、即座に

図5-10　ベヌーとリュウグウの大きさくらべ

先端(ヘッド)から窒素ガスを噴き出し、舞い上がって来たサンプル
をヘッドに収納した後、5秒後に小惑星から離れて、本体のカプセ
ルに移送する仕組みになっています。この方式は、かつてアメリカ
が彗星からのサンプル回収に挑戦した「スターダスト」探査機の設計
を受け継いだものです。なお、TAGSAMは、2018年11月14日に
航行中にテストをし、完璧な動きをすることが確認されています。

　計画では少なくとも60グラムは採取したい意向で、最大値は2
キログラムと定めています。ベヌーをリュウグウと比較すると図
5-10のようになります。

　日本の「はやぶさ2」計画とは連絡を取っていて、お互いに助け合
い研究し合い、サンプルを交換する協定を結ぶなど、緊密な協力態
勢で進めています(なお後日譚ですが、「オサイリス・レックス」は、2020年10
月21日、ベヌーへの着陸に成功し、表面からサンプルを採取しました)。

　ところで、年の暮れが近くなると、私が決まって思い出す宇宙開
発史の事件があります。「はやぶさ2」と直接のつながりはありませ
んが、『喜・怒・哀・楽の宇宙日記』としては無視できないので、こ
こでその話題に立ち寄りたいのですが、閑話休題7にその寄り道を
しました。私としてはぜひ読んでほしいです。

「はやぶさ2」のいま
──「合」を逆手にとって

　さて、われらが「はやぶさ2」に戻りましょう。前にも書いたように、地球から見て小惑星リュウグウがちょうど太陽の向こうに見える位置にやってくる「合」（2018年11月下旬から1ヵ月あまり）の時は、当然「はやぶさ2」も「合」の位置にあるので、太陽が邪魔になり、きちんと「はやぶさ2」と交信できません[図5-11]。

　でも、「はやぶさ2」チームは非常に意欲的で、テストを兼ねた通信試験や、地球の大気を通り抜ける時に太陽からの電波が受ける影響を利用した電波科学観測、普段とは全く異なる「ビーコン運用」という方法などで、最低限の探査機情報を地上に送信するなど、詳しくは省略しますが、「合」を逆手にとった運用をしていきます[図5-12]。

　この厄介な期間には、半ばほったらかしになるので、目標の軌道から少しでもずれてしまうとリュウグウに衝突してしまう危険性があります。そこでさる11月23日、安全に過ごすため、「はやぶさ2」を、「合軌道」という特別の軌道に投入しました。その後に、探査機の軌道がそれで安全かどうかを丁寧に確かめました。その結果に基づいて、11月30日、リュウグウからの距離が約75キロの地点で、リュウ

図5-11　合の頃の地球・太陽・リュウグウの位置関係

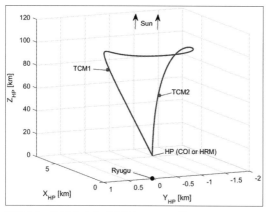

図5-12 「はやぶさ2」合運用のイメージ図

グウから遠ざかる方向へ秒速を3.8ミリだけ増速させる軌道修正を実施しました。

これで十分な安全を保てると考えています。そして次の軌道修正を合期間明けの12月25日（クリスマス！）に行い、合期間中は数日に1回の頻度で姿勢を制御して、「はやぶさ2」を地球方向へ向け続けます。この「合軌道」では12月11日に小惑星からの距離が約110キロで最大となり、合期間が終わる12月29日に、小惑星から20キロの「ホームポジション」へ戻りました。

少し細かく説明しました。平たく言えば、年末年始に連休をとるにあたっては、それなりの十分な準備をしなければいけないということを伝えたかっただけです。ただし、「はやぶさ2」チームは休むわけではありませんが……。

2018年12月31日

「はやぶさ2」のローバーに愛称

合の運用を粛々とやっていますが、このたび、9月に「はやぶさ2」から分離してピョンピョン跳ねながらリュウグウの表面を観測した可愛いローバー2機[図5-13]に愛称がつけられました。

これらのローバーは、これまで「ミネルバⅡ-1A」と「ミネルバⅡ-1B」と呼ばれてきました。ラテン語のミネルバ(Minerva)は、音楽・

詩・医学・知恵・商業・製織・工芸・魔術を司るローマ神話の女神で、英語読みはミナーヴァ。この女神にいつも付き従っている聖なる動物が「ふくろう」です。「ふくろう」は知恵の象徴でもあります。そこでこの聖鳥に因んで、2機のローバーを「みみずく」「ふくろう」と呼ぶことにしたそうです。「みみずく」

図5-13　左がイブー(ミネルバⅡ-1A)、右がアウル(ミネルバⅡ-1B)

と「ふくろう」は微妙に違うのですが、2台のローバも微妙に違うので、両方の名をつけたということ。

- 「ミネルバⅡ-1A」は「みみずく」のフランス語のイブーから、
  イブー(HIBOU：Highly Intelligent Bouncing Observation)
- 「ミネルバⅡ-1B」は「ふくろう」の英語のアウルから、
  アウル(OWL：Observation unit with intelligent Wheel Locomotion)

だそうです。

　というわけで、皆さん、よい年をお迎えください。

2019年1月1日

「はやぶさ2」は合運用を終え、定常運用に復帰

　みなさん、明けましておめでとうございます。

　しばらく「合運用」がつづいていた「はやぶさ2」ですが、昨年の大みそかに定位置(ホームポジション)であるリュウグウから20キロのところまで戻し、2019年の定常運用の体制に入りました。働きづめだった年末年始から解放されて、正月はしばしの休憩です。いよいよ1月後半には第一回のサンプル採取のクライマックスです。「嵐の前

の静けさ」といったところ。とりあえずご報告まで。今年もよろし
くお願いします。

まるで雪だるま
――「ニューホライズン」の最遠天体接近

　2019年は劇的な幕開けとなりました。1月1日、NASA（米国航空
宇宙局）の探査機「ニューホライズン」[図5-14]が、海王星よりも向こ
うにある天体群（カイパー
ベルト天体）のうちの一つ
「ウルティマ・トゥーレ」
に接近し、観測しながら
通り過ぎました。

図5-14　冥王星をフライバイする「ニューホライ
ズン」

図5-15　ウルティマ・トゥーレをフライバイする
「ニューホライズン」

　現在のところ、人類史
上最も遠いところまで旅
を続けているのは、ご
存知の通り「ボイジャー
1号」[図5-15]で、すで
に太陽圏を脱出してお
り、「ニューホライズン」
は、「ボイジャー」に比べ
るとずっとこっちにいま
すが、特定の天体に近づ
いて観測したのは、同じ
「ニューホライズン」が
2017年に近づいた冥王
星がこれまでで最も遠く、
今回のカイパーベルト天

体「ウルティマ・トゥーレ」は
それより10億キロも遠くに
あり、人類史上最も遠い天体
の接近観測となりました。世
界記録更新です。

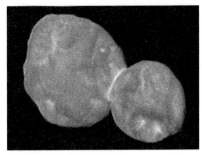

図5-16 「ニューホライズン」が撮影した「ウルティマ・トゥーレ」の姿

NASAは「ニューホライズ
ン」が2万8000キロの距離
から撮影した「ウルティマ・
トゥーレ」の写真を公開しま
したが、それは日本人なら誰
でも「まるで雪だるま」と感
じるような形をしています
[図5-16]。地球から64億キロ
彼方にある雪だるま！ そう
思って眺めると、なかなか可
愛い感じもしますね[図5-17]。

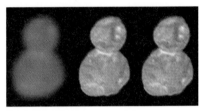

図5-17 初めはぼーっとしか見えなかった雪だるま。今はかなり詳しく分かる

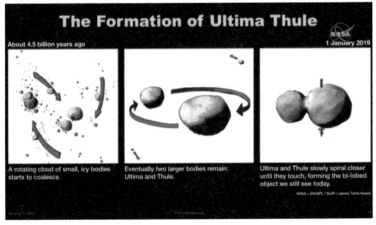

図5-18 「ウルティマ・トゥーレ」のでき方についてのある仮説

この「ウルティマ・トゥーレ」(Ultima Thule)という名前は、ラテン語で「最も北にあるもの」という意味らしいですが、天文学者たちは、この雪だるまの2つのボールのうち、大きい方(19キロ)を「ウルティマ」、小さい方(14キロ)を「トゥーレ」と呼ぶことにしたそうです。ラテン語の意味からすると何だか変な分け方をした呼び名ですが、まあいいか……。

　「ニューホライズン」チームの発表によると、「ウルティマ・トゥーレ」は、彗星にも小惑星にも分類されない種類の天体で、むしろその起源とも言うべき「微惑星」です。人類がこれまで探査機によって観測した最も古い天体である可能性があります。これから続々と送って来るデータから、この天体が液体の水を含んでいるかなど、さまざまな楽しみがあり、私たちの太陽系の誕生の秘密を解く意外なカギを与えてくれるかも。

　それはそれとして、この奇妙な形は何を意味しているのでしょうか。この天体は、以前から食を利用して予備的な研究が行われていました。数十億年前に2つの岩の塊が次第に接近し、接触融合したものだと推定されていたのですが、そのことが、このたびの撮影によって裏付けられました[図5-18]。

　「ウルティマ・トゥーレ」の表面は、ありふれた土くらいの反射率で色の濃い部分はなんらかの不安定な物質にさらされた痕跡だろうと研究チームは考えています。天体表面はさらに複雑な形状があると予想されており、今後さらに鮮明な写真が得られるはずです。詳細な情報の電送には今後1年以上かかる見込みです。

　さて「ニューホライズン」は、「ウルティマ・トゥーレ」をすでに通り過ぎて、高速で太陽系の外に向かって飛行中です。原子力電池の寿命から考えて、今後15年から20年は働き続けます。また軌道変更を行うための燃料を残しているので別のカイパーベルト天体に接近できる可能性もあるようです。

　この接近がトリガーになって、太陽系の誕生の頃の「化石」ともい

うべきカイパーベルト天体の探査に世界中で火がつきそうな予感も
します。ますます楽しみなミッションで、これからも目が離せませ
んよ。

中国の嫦娥4号が月の裏側に史上初めて着陸

　1月3日午前、中国の月探査機「嫦娥4号」が、人類史上初めて月
の裏側に軟着陸しました。同日午後には、搭載していたローバー
「玉兎2号」を月面に降ろし、「玉兎2号」は活動を開始しています[図
5-19]。これまでたくさんの着陸機が月面に降り立ちましたが、月の
裏側に軟着陸したのは、今回の「嫦娥4号」が初めてです[図5-20]。

　月の裏側が地球から直接は見えないことは知っているでしょう。
だから「嫦娥4号」の着陸は、地上局から作業の命令をいちいち送る
ことができません。だから、搭載しているコンピューターに作業の
手順をプログラムしておいて、「嫦娥4号」が自分の判断ですべて行

わなくてはいけません。見
事にそれが遂行されました。
すでに「嫦娥4号」や「玉兎2
号」から、月の裏側表面の
写真が送られてきています
[図5-21、図5-22]。

　また、当然ながら地球と
直接通信ができないので、
ローバーから得た情報の送
信を含め、「嫦娥4号」と地
球の管制センターとの通信
は、あらかじめ月周回軌道
に打ち上げていたリレー衛

図5-19　月の裏側に軟着陸した嫦娥4号か
ら取り出され、月面で活動を開始したローバー
「玉兎2号」

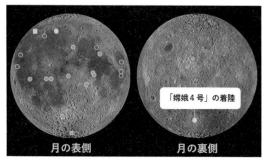

凡例:
- アメリカ
- 旧ソ連／ロシア
- 中国
- インド
- ○ 成功
- □ 計画中

月の表側   月の裏側

「嫦娥4号」の着陸

図5-20　月への着陸ミッション一覧

星「鵲橋(じゃくきょう、かささぎばし)」を通じて行っているのです[図5-23]。

　月の裏側は、これまでにも日本の「かぐや」をはじめとするいくつかの月周回衛星によって詳しく調べられており、私たちに見えている表側と

図5-21　嫦娥4号が最初に送って来た写真のうちの1枚

図5-22　玉兎2号が月面の裏側から送って来た最初の画像

ずいぶん異なる地形であることが分かっています。表側と比べて凸凹だらけで、表面の成分もずいぶん違っています。

　表側は隕石が衝突してできたクレーターに溶岩が流れ込んでできた玄武岩の平原(月の海)が広がっているのに対し、裏側には大小さまざまなクレーターが密集しているのが、一見して分かります。月

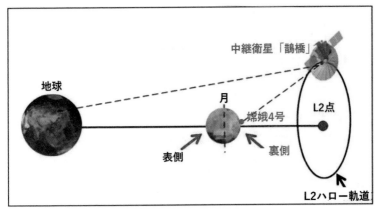

図5-23　ラグランジュ点にいる衛星「鵲橋」を通じて地球局と交信

の地殻については裏側の方がはるかに厚いと推測されていますが、その実態に嫦娥4号がどのように迫るか、大変楽しみです。

　8つの観測機器を搭載している嫦娥4号。そのデータの解析を通じて、月の成因、地球の成因をふくめ、太陽そのものの成り立ちを理解するための貴重な成果が出てくるといいですね。

　また、「嫦娥4号」には、昆虫の卵や植物の種なども搭載されていて、月面の環境下での今後の様子が注意深く探られる予定になっています。それは、今後の人類の月面活動に対する大きなヒントを提供してくれることでしょう。

　「嫦娥4号」が着陸したのは、月の南極にあるエイトケン盆地で、直径約2500キロ、深さ約13キロもある、隕石の衝突によって形成された月面最大の盆地です。降り立ったのは、「フォン・カルマン・クレーター」[図5-24]。

　ここの低地の岩石は周囲の高地とは異なる化学成分であることが判明しており、それは、月のマントルから衝突の際に浮き上がって来た物質である可能性もあります。その分析が進めば、月の内部や起源の研究に大きな一石を投じることができるでしょう。

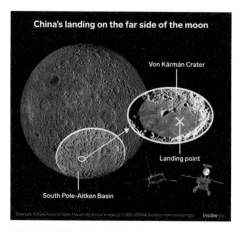

China's landing on the far side of the moon

Von Kármán Crater

Landing point

South Pole-Aitken Basin

Sources: NASA/Arizona State University (moon imagery); CASC/CNSA (lander/rover renderings)   Insider Inc.

図5-24　嫦娥4号の着陸地点

図5-25　中国伝説に登場する月の女神「嫦娥」

また「嫦娥4号」は、月の内部を調査するレーダーやスウェーデンが開発した分析器で月の地下数百メートルのところの様子を探るほか、低周波の宇宙電波もモニターする予定で、地球の存在に邪魔されない月面の電波天文学観測の可能性を試す絶好の機会にもなります。月の将来の探査への多彩な扉をこじ開けた感のある着陸ですね。

さまざまな可能性を秘めた「嫦娥4号」ミッションが、今後順調に観測をつづけることを願いたいですね。参考までに言っておくと、「嫦娥」というのは、中国の神話に登場する月の女神の名です[図5-25]。それも**閑話休題8**に紹介しておきましょうね。

第6章

圧巻の第一回タッチダウン

——サンプルは採取された

報仇雪恥

戮力協心

「はやぶさ2」のリュウグウ着地は
2月後半に決定

　簡単におさらいをすると、「はやぶさ2」は、昨年6月に地球からおよそ3億キロ離れた小惑星リュウグウの上空に到着しました。当初の予定では、去年の10月に着陸してサンプルを採取するはずだったのですが、リュウグウの表面は予想以上に岩だらけだったことから、JAXAは着陸を延期して、場所の選定などを慎重に進めてきました。

　11月から年末までの合運用を終えて、いよいよ活動を開始する「はやぶさ2」。「はやぶさ2」チームはさる1月8日の記者会見で、2月18日の週に第一回の着陸を試みると発表しました。なお、バックアップとして3月4日からの週が設定されています。

最大クレーターは「ウラシマ」
——リュウグウの地形に名前

　その「はやぶさ2」チームが、小惑星リュウグウの表面いっぱいに浦島太郎の伝説を描きました——というと壮大ですが、つまりは、リュウグウ表面の代表的な地形に、いろいろな名前をつけたのです。その経過を少し紹介しましょう。

　2018年6月に「はやぶさ2」チームは、国際天文連合（IAU）の作業部会に対し、リュウグウ表面の地名のテーマを「子ども向けの物語に出てくる名称」にすることを提案しました。作業部会がそのテーマを認めたので、チームは、研究の対象になりそうな重要な地形を13カ所選んで、10月に申請したのです。作業部会で審議の結果、一部修正がありましたが、昨年12月に公式の名前として認められ

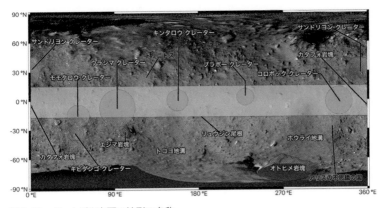

図6-01　リュウグウ表面の地形の名称

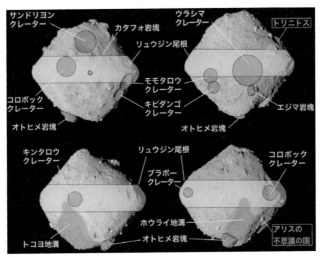

図6-02　リュウグウ地名一覧

たというわけです。「はやぶさ2」チームは、今後も追加の地名を申
請していく予定です。

　さてそういうわけで、今回の13の場所には、いずれも、子ど
もたちにおなじみの物語に登場する名前が付いています[図6-01、図

149

名称	タイプ	地形の説明	元になった物語	国	名称の由来
リュウジン	ドルサム	赤道リッジ	浦島太郎	日本	乙姫の父である龍神から
ウラシマ	クレーター	リュウグウ最大のクレーター	浦島太郎	日本	亀を助けた漁師
サンドリヨン	クレーター	赤道リッジの外にあるクレーターで最大のもの	シンデレラ	フランス	シンデレラのフランス語 ※1
コロボック	クレーター	赤道リッジ上にあるクレーターの典型	コロボック	ロシア	家から逃げ出した小さな丸パン ※2
ブラボー	クレーター	赤道リッジ上にあるクレーターの典型	ブラボーと巨人	オランダ	巨人に勝利した勇敢な若者 ※3
キンタロウ	クレーター	リュウグウで5番目に大きいクレーター	金太郎	日本	足柄山で育った怪力の男の子
モモタロウ	クレーター	リュウグウで4番目に大きいクレーター	桃太郎	日本	桃から産まれて鬼と戦った少年
キビダンゴ	クレーター	リュウグウで6番目に大きいクレーター	桃太郎	日本	桃太郎が仲間に分け与えた食べ物
トコヨ	フォッサ	リュウグウ最大の溝状凹地	浦島太郎	日本	常世の国、海のはるかかなたにある理想郷
ホウライ	フォッサ	リュウグウで2番目に大きい溝状凹地	浦島太郎	日本	蓬莱、海中にある理想郷
カタフォ	サクスム	リュウグウの本初子午線の基準となったボルダー	ケイジャン民話	アメリカ	辿った道を見失わないよう印をつけた賢い少年 ※4
オトヒメ	サクスム	リュウグウ最大のボルダー	浦島太郎	日本	竜宮城に住み、浦島太郎をもてなし玉手箱を送った女性
エジマ	サクスム	リュウグウ形成史の鍵を握るボルダーのひとつ	浦島太郎	日本	浦島太郎が亀を助け、竜宮城へ旅立った磯（絵島が磯）

※1「シンデレラ」で提案したが、WGがオリジナルのフランス語に修正した。 ※2「ピーターパン」で申請したが、コピーライトの問題があるため、WGが変更した。
※3「スリーピング・ビューティー」（眠れる森の美女）で提案したが、文字数が長すぎるという指摘を受け、「ブラボー」と修正提案し認められた。 ※4 オズで申請したが、カロン（冥王星の衛星）で使われていたため、WGが変更した。

図6-03　リュウグウ地名の由来

図6-04　竜宮から故郷へ帰る浦島太郎（画・月岡芳年）

6-02]。中でも、「浦島太郎」に因んだ名前が最も多く、6つの場所に付けられています。最大のクレーターは「ウラシマ」、南極付近にある最大の岩の塊は「オトヒメ」、赤道付近の尾根は乙姫の父である「リュウジン」、浦島太郎がカメを救った浜である「エジマ」など。

ただし、「トリニトス」と「アリスの不思議の国」は、ローバーの着陸地点につけた愛称であり、正式の名称ではありません。

　また、日本の物語からは他にも、4、5、6番目に大きいクレーターをそれぞれ「モモタロウ」「キンタロウ」「キビダンゴ」と命名しました。外国のお話からも、シンデレラを意味する「サンドリヨン」（フランス語）などが採用されました。

　今回、13個の地名は4つのタイプの地形に分類して申請しました。

月などでなじみがある皿状の穴を表す「クレーター」のほか、峰や尾根を表す「ドルサム」、溝・地溝を表す「フォッサ」、岩・岩塊（ボルダー）を表す「サクスム」。地名の由来をまとめておきます[図6-03]。

　ところで、みなさんは浦島太郎のお話[図6-04] は知っていますか？　日本の各地にいろいろな形の浦島太郎の話が伝わっているのですが、私が幼い頃に聞いたのは以下のようなあらすじでした。いい機会だから、あやふやな人は読んでみてください。

――浜辺で悪戯っ子に虐められていたカメを助けた浦島太郎は、その恩返しにカメの背中に乗って海の底にある竜宮城に連れて行かれます。そこで美しい乙姫様たちに大事にされながら幸せいっぱいに過ごすのですが、やがて郷愁に駆られて帰ることになり、玉手箱というお土産をもらうのですが、「決して開けてはいけない」と言われます。ところが元の漁村に帰った浦島太郎は、玉手箱の中身を見たくなって、つい蓋を開けてしまいます。すると白い煙がモクモクと立ち昇って、それを浴びた浦島太郎は一挙に白髪の老人になってしまいました。海の底の竜宮にいたのはわずかな日々だったはずなのに、実際には何十年もの月日が地上では流れていたというのです――

　記者会見でチームから発表があったように、今回の命名には、日本の宇宙科学ミッションの伝統である「遊び心」があると思われます。「小惑星表面に物語を描いている」のです。例えば、「モモタロウ」というクレーターと「キビダンゴ」というクレーターが隣り合っているなどは、実に微笑ましいですね。最大のクレーターを「ウラシマ」、最大の岩塊を「オトヒメ」と名付けたなども「なるほど」という感じです。

　お月さまには古くから「ウサギが餅つきをしている」などの逸話が伝わっていますね。これからは、小惑星の上には、子どもたちが喜ぶお話の主人公たちが躍動するという新しい習慣ができるかもしれませんね。次に小惑星を探査する時は、浦島太郎の世界に探査機が

着陸するなんて、ロマンティックで楽しい想像をかき立てますね。有名な話ではあるけど、月のウサギの話は、復習として**閑話休題9**に一応書いておきます。

「はやぶさ2」のサンプル採取
──初代「はやぶさ」を踏襲

さる1月15日、「はやぶさ2」は地球出発以来1500日を迎えました。2月後半のサンプル採取というクライマックスに向けて、いろいろなテストが始まっています。1月18日には、サンプルを採取する装置(サンプラーホーン)の振動試験を念のために行いました。これも順調で、本番に向けての自信と貴重なデータを得ました。今回は、そのサンプル採取の方法を復習しておきましょう。

小惑星表面からのサンプル採取方法

2月後半に「はやぶさ2」がリュウグウの地上に舞い降ります。「はやぶさ2」のサンプル採取のやり方は、基本的には初代の「はやぶさ」の採取方法を踏襲しています[図6-05]。つまり、筒の形をしたサンプラーホーンの先端が地面に触れた瞬間、コンピューターから指令が発せられて、小さな弾丸が撃ち出されます。するとリュウグウの表面が砕かれて石や砂やホコリが舞い上がるでしょう。それらがホーンの内部を上昇していき、格納庫(キャッチャー)に入るという仕組みなのです[図6-06]。

でも、「はやぶさ2」は初代の経験をもとにして、いくつかの改良をしています。

①サンプラーのシール(密閉)性能を上げ、希ガスなど揮発性のガスも密閉して持ち帰れるような方式を新たに開発し搭載したこと。結局、サンプルを閉じ込める機構を金属だけで作ればいい

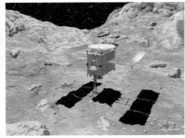

図6-05　「はやぶさ２」のサンプル採取（左）（右は初代「はやぶさ」）

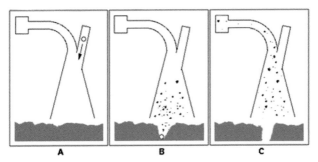

図6-06　小惑星表面からのサンプル採取方法

のではないかということになりました。特に問題にされたのは、地球に帰還し大気圏に再突入した時にカプセル内で発生する衝撃です。密閉（シール）機構の形・材料を改良してはハンマーで思いっきりたたくという試験を、何度も何度も繰り返したのです。ハンマーで1000回以上たたいたというからすごいですね。

②サンプルを格納するキャッチャーを初代の２部屋から３部屋に増やしたこと。これで、３度予定している採取の度毎にサンプルを分けて格納することができますね。

③ホーンの先端に小さな折り返し部品をつけたこと。この折り返しの上にサンプルを引っ掛けて、探査機が上昇中に急停止をすると砂礫はそのまま上昇を続けキャッチャーに入る仕組みにし

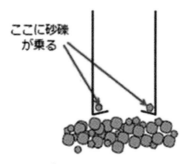

ここに砂礫が乗る

図6-07 「はやぶさ2」の新たな工夫

図6-08 「はやぶさ2」のサンプラーホーン

ました[図6-07]。折り返しには1〜5ミリ程度のサンプルが乗るようになっています。少しでもたくさんのサンプルを採取したい意欲の表れですね。

　こうして開発されたのが、「はやぶさ2」の新たなサンプラーです[図6-08]。また「はやぶさ2」では、インパクター(衝突装置)という独創的な方法を作り出しました。そのことはいずれ詳しくご紹介します。

2019年2月16日
急成長する着陸精度向上の技術
──「はやぶさ2」2月22日に着陸へ

　「はやぶさ2」は、いよいよ2月22日に第一回のサンプル採取に挑むことになり、チームは勇躍そのラストスパートに余念がありません。そこで、今回は、正念場を迎えたサンプル採取のおさらいをしておきたいと思います。

表面は岩石だらけで着地を延期

　「はやぶさ2」の下面にある筒状のサンプラーホーンは、長さが1メートルです。それをリュウグウの表面に押し付け、その瞬間に探査機内部からタンタル製の弾丸が発射されてリュウグウ表面を砕き、サンプルがホーンを昇ってきて、容器に収納されます。大きな岩があるとサンプラーホーンを傷つけるので、チームでは、岩石の大きさに60センチ（50〜70センチ）という制限を設けました。

　ところが、リュウグウに近寄って調べて行くうちに、その表面は全面にわたって大きな岩石がゴロゴロしており、安全な着陸場所を見つけるのが非常に難しいことが分かりました。

　「はやぶさ2」は、もともと100メートル四方くらいの平らな場所があれば、そこに無事に着陸する自信はあり、接近して撮った表面の（多少粗い）画像を基に、8月末に着地の候補点を決めました。しかし、その後の接近写真を見ても、9月末の小型ぴょんぴょんローバー「ミネルバ」や10月初めのヨーロッパの小型ローバー「マスコット」が着陸して地上で撮影した詳細な写真を見ても、そんな100メートルもの平らな広場はどこにもなかったのです。

　そこでチームは相談の結果、昨年10月後半に予定していた第一回の着地→サンプル採取を一時延期して、慎重に検討することにしました。

リハーサルの結果から着地点を絞り込んだ

　詳細な画像が得られるにつれて、100メートルという広さは望めないことが分かりましたが、それでも8月に設定した着地候補地域L08が最もいい条件を持っているので、そのL08の中でできるだけ平らなところを見つけて、昨年10月に行った降下リハーサルを行いました。そのリハーサルでは、「はやぶさ2」の着陸の精度を試す意味も兼ねて、着陸の目印であるターゲットマーカー（TM）[図6-09]を投下しました。2つ目の投下なのでTM-Bとも呼んでいます。

図6-09　ターゲットマーカー

この投下は、地上からの指令ではなく、「はやぶさ2」に組み込んだソフトウェアの判断で自律的に行われました。ところが、そのTMは目指した地点から南東に外れたところに落ちました。そこでチームは、そのTMの落下点の近くで最適の落下点を求めて、撮影画像を丁寧に調べて行ったのです。

こうして、着地目標の候補が2ヵ所に絞られました――

①TMの北西側にある幅約12メートルのL08-B1

②落下TMの東側にある約幅6メートルのL08-E1

①は広いのですがTMから遠く、②は狭いけれどTMに近い。「遠くても広い方か、狭くても近い方か」――前にも述べましたが、

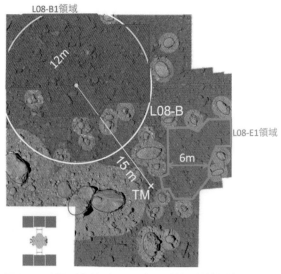

図6-10　浮かび上がった2つのタッチダウン候補領域

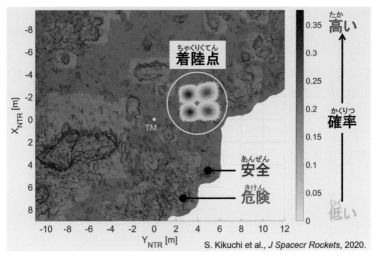

図6-11　10万回タッチダウンすると……

図6-12　第一回タッチダウンの目標

この難しい選択を迫られることになったのです[図6-10]。みなさんならどっちを選びますか？　選択は結構難しい問題でした。

着陸精度を向上させるたくましい努力

　そしてこの難しい決定のために、さまざまな側面から検討が始まりました。プロジェクトチームがまずやったのは、はやぶさ2の撮影した画像をもとに、二つの地域の詳細な三次元地図を作製することです。着陸精度について詳しく検証するには、岩一つ一つの高さだけではなく、形の情報も必要になります。ここでいろいろなことが判明。地図作りに当たった科学者たちのチームは、作成している地図が着陸用と分かっていたためか、自信が持てない岩は大きめにしていることが分かりました。彼らに、着陸の計画を立てるチームが「本当ですか。そこまで余裕を見なくてもいいのでは」などと疑問を投げかけては、両者が議論をするというプロセスを何度も繰り返した末に、現時点で実際のリュウグウの表面に最も近いと思われる三次元地図に仕上げていったのです。その結果、平らな領域をより正確に把握できるようになりました。

　さらに、探査機をより精密に目的の場所へ誘導するため、姿勢を変えるガスジェットを始めとするハードウェア、そしてソフトウエアのチェック、……その他一つひとつの関係機器などの性能を極めて詳細に解析し、微調整を可能にしました。リュウグウから探査機が受ける重力も、小惑星の地点ごとに解析し直し、重力によって曲げられるわずかな探査機の軌道の変化も考慮できるようになりました。着陸できる領域がいずれも極めて狭いため、探査機の重心についてもカメラの位置、サンプラーホーンの位置などに応じて計算しました。広い平らな場所があれば、全く気にもしなかったような細かい数字まで、一つ一つ詰めていき、チームの総力を挙げて息づくような着陸精度向上の努力がなされたのです。

　実はターゲットマーカーを降下させる運用で、「はやぶさ2」の航法誘導の精度は±15メートルくらいであることが確認できていました。当初の±50メートルという想定と比べればはるかによい精度です。しかし、これでは幅30メートル以上の平らな領域が必要

になります。そこで、すでに降ろしてあるターゲットマーカーを利用したタッチダウンの手法をとることにしました。誘導制御のチームが手ぐすねを引いていた「ピンポイント・タッチダウン」が、これによって最高の誘導精度を達成できる見通しがあります。

　菊池翔太さんを核として、猛烈なプログラミングが数ヵ月続けられました。そして彼のパソコンを使って10万回にわたって、数々の最悪の状況を組み合わせてタッチダウン・シミュレーションが敢行されました。あんなに苦労してプログラムしたのに、計算時間はたったの5分[図6-11]！　この美しい計算結果が、現在リュウグウ上にあるターゲットマーカーを利用してL08-E1領域へのピンポイント・タッチダウンをすると、10万回やっても着陸精度2.7メートルを達成でき、**図6-12**の紫色の領域に降りることができることを誇らかに告げています。また、6割程度の確率で±1メートルまで探査機を誘導できることも分かりました。

　一方、「TMから遠くても広いB1」は「狭くてもTMに近いE1」よりも表面の凹凸が多いうえ、±6メートルまでの着陸精度を出すことが難しいという結論になりました。

ついに着地点を決定──着陸誤差は3メートル！

　というわけで、タッチダウンのターゲットは、極めて実践的に「狭くてもTMに近い」E1の中に定められました[図6-12]。ターゲットマーカーが近くにあるかどうかは、着陸精度には大いに影響するのですね。

　従来許容された50メートルの誤差と3メートルの誤差の違いについて、「はやぶさ2」のプロジェクト・マネジャー津田雄一さんは話しています。

──「以前は校庭のグラウンドのトラックの内側くらいの広さに降りれば良かったが、今回は4畳半の部屋に降りなければならなくなった。技術的なレベルの差は非常に大きい」

一方、着陸する地域が非常に狭いため、探査機が想定と違う、もしくは危険と判断して緊急上昇する際の条件も厳しく設定したそうです。安全に着陸するため、着陸時に探査機の機体後方が表面に「尻もち」をつかないよう、着陸時の姿勢をやや前のめりにすることも決めました。津田さんの説明。

——「着陸成功を目指すが、緊急上昇ができれば再度挑戦することもできるので、『何か問題があったらすぐに帰ってきなさい』と"はやぶさ2"に教え込んでいます」

着陸オペレーションのスケジュール

　さて、それではその最初のクライマックス・オペレーションのスケジュールを紹介しておきましょう[図6-13]。2月21日午前8時ごろ、「はやぶさ2」は高度約20キロから降下を開始し、高度5キロまでは秒速40センチ、それ以降は秒速10センチでリュウグウへ近付いていきます。22日午前6時ごろ、着陸するかどうかの最終判断が行われ、着陸を目指すと判断されれば最後の「GO」の指令が「はやぶさ2」へ送られます。

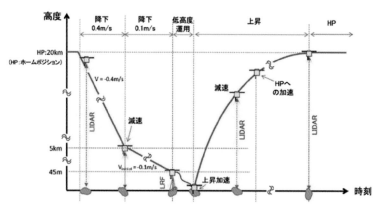

図6-13　第一回タッチダウンのスケジュール

項目	地上時刻：JST （）は探査機時刻	判断項目
Gate 1	2月21日　07:13	降下開始の可否判断開始
Gate 2	2月21日　18:52	降下継続の可否確認開始
Gate 3	2月22日　06:02	最終降下判断（GO/NOGO判断）開始
HGA→LGA	2月22日　07:27 （07:08）	アンテナ切り替え
TD	2月22日　08:15 （07:56）	タッチダウン
Gate 4	2月22日　08:15	上昇確認開始
LGA→HGA	2月22日　08:22 （08:03）	アンテナ切り替え
Gate 5	2月22日　08:22	探査機状況確認開始
Gate 6	2月22日　18:27	ホームポジション復帰ΔV確認開始

図6-14　決断の重要なポイント

　「はやぶさ2」は高度45メートルまで降下すると、いったんその高度にとどまり、既に投下されているターゲットマーカーを探します。ターゲットマーカーを見つけられれば、さらに高度8.5メートルまで降下します。そこで、「はやぶさ2」の下面が着陸地点の小惑星表面の傾斜と平行になるように姿勢を変え、ターゲットマーカーをカメラでとらえながら、着陸地点の真上付近から5メートルほどのところまで水平移動します。そこで姿勢が安定していることが確認されれば、ほぼ下方向へエンジンを噴き、あとは自由落下で着陸するというプロセス。このシーケンスの中の重要な決断のポイントを表にしておきましょう[図6-14]。

　サンプラーホーンが小惑星表面に触れると、重さ5グラムのタンタルの弾丸[図6-15]を発射し、小惑星表面の石を砕きます。勢いで跳ね上がった石の粒はそのままサンプラーホーンの中を上昇し、「はやぶさ2」の収納容器に運ばれます。「はやぶさ2」がリュウグウに着陸している時間は数秒程度と一瞬で、弾丸の発射後は速やかに上昇します。ここまでの一連の流れが順調に進めば、リュウグウの

図6-15　発射される弾丸

物質の採取が成功したことになります。

筆者の感想

　着いてみるまで表面の状況などがよく分からない小惑星探査で、よりによってこんなに難しいリュウグウを選んでしまったことは、「ツイていない」感じはします。しかし一方で、初代「はやぶさ」と違い、「はやぶさ2」は着いてから出発までの時間が十分あります。その時間をたくさん取れる「はやぶさ2」の時に、着陸の困難な小惑星がターゲットになったことは、見方によっては「ツイてる」という感じもします。

　着陸が困難なために、さまざまな観点から検討を重ね、その議論の過程で、初代「はやぶさ」とはまた違った観点から着陸のための技術を磨き上げることができるからです。着陸を成功させるカギは、データと論理に基づいてきちんとした計画を作って、順序よくオペレーションを遂行することにあります。その点、「はやぶさ2」のチームは、これまでの取り組みの中で、歴史に残る努力を積み重ねてきていると思います。

　この珠玉のような経験は、つづいて行われる2回目のタッチダウン・サンプル採取、そしてインパクターを使う3回目のオペレーションにも確実に活きるし、将来のSLIM（月への軟着陸計画）やその後の惑星探査に、全面的に受け継がれていくでしょう。

　過去の日本の宇宙活動を振り返って、多数のクライマックス・シーンを、私はいま思い浮かべています。もうじき始まる「はやぶさ2」の降下→着地→サンプル採取→舞い上がりが、みなさんの熱い注目と応援を受けながらも、冷静沈着に、しかし劇的に遂行されることを期待しています。

2019年2月24日

「はやぶさ2」ついにサンプルを獲得

1　降下開始から自律制御開始まで

　宇宙航空研究開発機構(JAXA)はさる2月21日、探査機「はやぶさ2」が小惑星リュウグウへの着陸に向け、同日午後1時15分、高度20キロからの降下を始めたと発表しました。何らかの行き違いがあって、「はやぶさ2」が本来と異なる位置情報を送ってきたため、計画より約5時間遅れでの降下開始となりました。しかし、原因は明確になり、機体の状態に問題はないと分かりました。いよいよ満を持した第一回目のサンプル採取への出発です。

　管制室には、ピーンと張りつめた空気が満ちています。「はやぶさ2」が秒速40センチで降り始めました。**図6-16**にタッチダウン寸前の息づまるプロセスを示してあります。レーザー高度計(LIDAR)を駆使しながら慎重に降りていく「はやぶさ2」。全世界の注目がネットに集まっています。一時はアクセスが殺到して見られなくなったほど。

　やがて高度500メートルに達しました。「はやぶさ2」は地球からの指令を離れ、自律制御のシーケンスに入りました。これ以降の「はやぶさ2」は、基本的に鉄腕アトムのごとく振舞うのです。管制室の人間には、どのように「はやぶさ2」が判断しその場の行動をしているかが、その約20分後にしか分からないのです。慣れても慣れてもヤキモキする時間が続きます。

2　最終降下へ

　スケジュールよりもスタートが遅れたにも拘らず、22日午前6時すぎには高度50メートル付近まで達しました。遅れは完全に取り返しています。地上局における最後の「Go/NoGo」の判断をする時間です。「はやぶさ2」の降下を止める理由は全く見つかっていませ

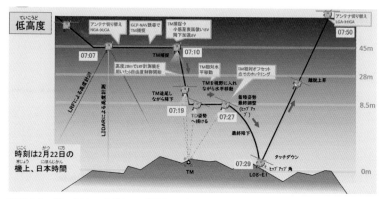

図6-16　第一回タッチダウンの運用シーケンス

ん。6時14分、「Go」をかけました。このまま着陸を実施すること
に決め、指令を発しました。完全に地上局の介入を離れます。

　リュウグウ表面までの距離の測定は、「はやぶさ2」下面のLRF
（近距離高度計）から発射されるレーザーの4本の矢が受け持ち、表面
の傾斜まで測定しながらそろそろと降りて行きます。がんばれよ、
「はやぶさ2」。

　午前7時半、「はやぶさ2」が、リュウグウ表面に昨年10月に投下
した目印のボール（ターゲットマーカー）をとらえたことが判明しまし
た。高度は45メートルまで下がったと見られます。「はやぶさ2」の
下面をリュウグウの表面の傾きと同じ（平行）にしながらゆっくりと
降下していきました。管制室では、全員がモニターから現在の高度
だけを読み上げる若い技術者の声にじっと耳を傾けています。
──「5メートル、…4メートル、…3メートル、……」
　いいぞ、いいぞ。

3　着陸確認→弾丸発射

　7時48分、相模原市の管制室のモニターに、探査機「はやぶさ2」
から、小惑星「リュウグウ」に着陸した後に離陸したことを示すデー

タが送られてきました。管制室のメンバーに拍手と笑顔が広がりました。果たして着陸の際に、弾丸が発射され、砕けて舞い上がった岩石を採取したのだろうか？

その弾丸オペレーションの結果やいかに？　固唾

図6-17　歓喜の管制室

を呑むチームの面々。沈黙の時間が流れます、そして、来ました。コンピューターが弾丸発射の命令を下したことを示す緑色のランプ、点灯！　そして、弾丸の発射装置付近の温度が、ちょうど着陸した時間に約10度上昇しており、弾丸を発射する火工品が発火したと考えられるという確かな根拠もつかみました。躍り上がる管制室の面々。チームは、試料を採取するための弾丸を発射したことを確認したと発表しました。

初号機は弾丸が発射できなくて、着地の衝撃で舞い上がった微粒子だけを採取したのです。でも今回はおそらく肉眼で確認できるほど大きな欠片（かけら）が採取できていると期待できそうです。雪辱はなったと思います。素晴らしいことです。歓喜の人々［図6-17］。

そして22日の昼頃までに、サンプルが入ったはずのカプセルのふたを閉める作業を終わらせました。

4　その快挙

今回の着陸では、離陸直後の画像撮影にも成功しました。上昇した際にエンジン噴射でできたとみられる黒い跡や舞い散った砂の

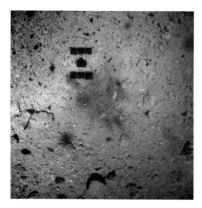

図6-18 タッチダウンの瞬間に舞い上がった砂など

ような靄(もや)が映っており[図6-18]、探査機に内蔵した容器の中に無事、試料が入った可能性が高いと考えられます。

2005年に小惑星イトカワに着陸した初号機に続く世界史上2機目の小天体からのサンプル回収。快挙です。

思えば昨年6月、リュウグウの近くに到着したころ、100メートル四方くらいの広さがあれば十分に着陸可能と考えていたチームは、その後表面の様子が詳しく分かるにつれ、あまりに大きな岩がゴロゴロしているところばかりなので、頭を抱えてしまいました。そして一層念入りに表面を調べて有力候補地を絞っていき、その周辺の詳細な三次元地図を作成する一方で、降下リハーサルと機器のチェックを厳密に行い、「はやぶさ2」自体の着陸精度を候補地が要求する厳しさに達するよう、懸命の議論と努力を重ねていきました。

その結果、着陸候補地の幅はたった6メートル。ということは着陸精度としては3メートルが求められます。そして「はやぶさ2」チームが奮闘の末に獲得した「自信の持てる」着陸精度は2.7メートル。すべてが順調なら、1メートルの精度まで行けるかもしれないというところまで漕ぎつけたのです。

そしてこのたびの快挙。チームが一丸となって達成した素晴らしい着陸オペレーションでした。着陸は今回も含めて7月末までに計3回の予定で、2回目以降は、地表に金属片を撃ち込んで人工クレーターを作り、小惑星内部の試料回収も試みます。そのことはまた詳報します。地球への帰還は東京オリンピック・パラリンピックが終

図6-19　記者会見の津田プロジェクト・マネジャーと吉川ミッション・マネジャー

了した後の2020年末の予定です。

5　プロマネ、喜びの声

　チームのメンバーは、「はやぶさ2」のことを、親しみを込めて「はやツー君」と呼んでいます。本当に「はやツー君」は頑張りましたね。2月22日11時から行われた記者会見で、「はやぶさ2」の津田プロマネ[図6-19]の言葉。

──「本日、人類の手が新しい小さな星に届きました。思いどおりの着陸ができました。もともと10月に着地を予定していましたが、その後、着陸を延期することになり、ご心配をおかけしましたが、この4ヵ月間、計画を万全にして着陸しました。結果としてベストの状態で思いどおりの着陸ができたと思います。」

　そして最後に

──「初号機の借りは返しました」

と。

「はやぶさ2」の第一回タッチダウン
――動画公開

　さる2月22日、「はやぶさ2」は、小惑星リュウグウからのサンプル採取に挑み、見事なオペレーションで完璧な着陸を成し遂げました。そして初代「はやぶさ」に次ぐ、世界で2番目の小惑星着陸・離陸を達成した探査機となりました。

　2月22日は、午前7時29分10秒（日本時間）、小惑星リュウグウの表面に「はやぶさ2」のサンプラーホーンの先端が触れ、計画通りに弾丸を発射し、リュウグウの物質を採取することに成功したとみられています。上昇を開始した際のエンジン噴射でできたとみられる黒い靄（もや）が映っている様子は、すでに紹介しました。探査機に内蔵した容器の中に無事、弾丸で砕かれたリュウグウの地表から舞い上がった試料が入った可能性が高いと思われます。

　津田プロマネは、22日の記者会見で、それを成し遂げた力の大切な原動力として「チーム力」を挙げ、「この成功によって、私たち人類のもつ可能性を強く感じたり、人類はもっとできるのではないかという希望につながったりしてほしい」と話しています。

図6-20　「はやぶさ2」着地のモニターカメラ「CAM-H」

　3月5日に開かれた記者会見では、この歴史的瞬間を「はやぶさ2」の下面に取り付けた小型モニターカメラ「CAM-H」[図6-20]が「サンプラーホーン」の先端部分を連続撮影した動画が公開されました。撮影が開始されたのは、「はやぶさ2」が最終段階の降下を始める高度8.5メートル

あたり。そして着陸を経て上昇開始後まで、計5分40秒間のサンプラーホーン周りの様子が、鮮明に映し出されました。

図6-21　歴史的な「紙吹雪」

それを追うと、まず画面の左下に着陸の目印である「ターゲットマーカー」が映り、リュウグウ表面の「はやぶさ2」の影が大きくなっていって、サンプラーホーンの先端が接地する瞬間をはっきりととらえています。サンプラーホーンは、プロジェクトチームが「三途の石」と呼んで警戒していた近くの大きめの石のすぐそばを巧みに避けて、そのすぐ脇に着地したことがよく分かります。その後、リュウグウ表面からサンプラーホーンの先端が離れると、突然煙のような細かい粒子が広がっています。着地と同時に「はやぶさ2」が放った弾丸が表面を直撃した結果と思われます。

つづいて「はやぶさ2」がガスジェットを噴射して上昇を開始すると、まるで紙吹雪のように無数の砂や岩の破片が舞いあがるシーンが映っています［図6-21］。その中には、おそらく長さ1メートル以上もあるような岩が、勢いよく飛び出しています。想像図で描かれているような、サンプラーホーンの内部だけで弾丸が砕いた表面からサンプルが上がっていくような静かなイメージをはるかに超える、荒々しい着地の様子が展開しています。迫力満点のその映像に、つめかけた記者の人たちからどよめきが起きました。この動画は、たとえば以下のYouTubeで見ることができます。国民のみなさんの寄付金で製作されたカメラの極上の作品です。ぜひ一度は覗いてみてね（https://av.watch.impress.co.jp/docs/news/1173081.html）。

前から紹介しているように、当初は直径100メートルくらいの平坦なターゲットのどこかに降りればいいと思っていたのが、行って見ると、リュウグウの表面はでこぼこだらけ。それだけでなく、ゴロゴロしている岩の大きさがよりによって60〜70センチくらいのものが多いという最悪の状況だということが分かりました。「はやぶさ2」のサンプラーホーンの長さが1メートルなので、これくらいの岩はいちばん微妙な大きさなのです。

　「はやぶさ2」のプロジェクト・エンジニア、佐伯孝尚さんは、

――「リュウグウの歴史上初めて、素性の分からない星から探査機がやってくるというので、神様が意地悪をしてわざとそれぐらいの岩を並べておいたんじゃないかと思われるほど」

と嘆いています。そしてこんな冗談を飛ばしました。

――「こんなことなら、なりふり構わず、ブルドーザーを持って行けばよかった」。

周到に準備された成功

　実は「はやぶさ2」は、計画の初期段階から、探査機の設計・運用を担当する工学系の人たちと、リュウグウの観測を担当する理学系の人々がタッグを組んで、綿密な議論を何度も積み重ねてきました。

　理学系は、上空から撮影した画像を基にして、着陸地点付近の岩の影と太陽の角度などから一つ一つの岩の大きさを丁寧にセンチメートル単位で計算し、既報のようにその3D(三次元)模型も作り上げました。リュウグウの重力分布も非常に詳しく算出しました。

　工学系は、「しつこいくらい訓練をやって、しつこいほど観測して、しつこいほど議論して、しつこいほど準備」(佐伯プロジェクト・エンジニア)して、姿勢制御の際に噴射する12基のガスジェットの一つ一つについて、その個性などを徹底的に洗いなおして、探査機の位置誤差を25センチ、速度誤差を秒速8ミリまで追い込むような運用手順を確立したのです。

　津田プロマネの言うこうした「チーム力」は、課題となってのしか
かった「着地精度3メートル」という目標達成に対し、チーム全体が
非常に確かな自信をもって挑めるまでの力を作り上げたのです。

　そしていよいよ実際の着地オペレーションを迎え、みんなで確認
し合った運用のスケジュールは、すべての項目を、あらかじめ想
定した最速のパターンで遂行していき、「はやぶさ2」はそれにした
がって忠実に行動してくれました。何しろ、公表されていた時刻よ
りも30分以上も早く着陸したんですものね。着陸した地点が、あ
の半径3メートルの円の中心からわずか1メートルだけずれた場所
だったことも分かりました。

　地球から3億キロもの彼方で、着地精度が1メートル！　非常に
誇り高い達成だと思います。到着した昨年から、しっかりと時間を
かけて、みんなで成し遂げた偉大な成果でした。世界の惑星探査に
貴重な1ページを開いた今回の着地の経験は、今後の日本の探査技
術に大切な蓄積として生かされていくでしょう。

2019年3月10日
リュウグウに水の存在
──「はやぶさ2」の観測で判明

　「はやぶさ2」チームが1回目のサンプル採取成功にわいている折
も折、うれしいニュースが舞い込んできました。

　「はやぶさ2」が探査を続けている小惑星リュウグウについて、
JAXA(宇宙航空研究開発機構)と会津大学、東京大学、名古屋大学など
で作る研究チームは、これまでの赤外線観測の結果、岩石に取り込
まれた形で水が存在することを確認したと発表しました。岩石の中
に水の成分が存在する時に特徴的に表れる反応が出たということで
す[図6-22]。まあ、竜宮城に水があるのは当たり前かもしれません
が……(笑)。

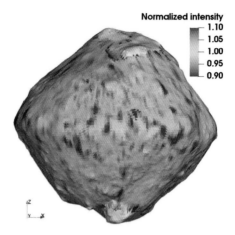

図6-22　確認されたリュウグウの「水」

　しかし、「リュウグウ」の表面に私たちがふだん目にする液体の水や氷が存在しているわけではありません。岩石に取り込まれる形で存在しているということで、こうした岩石は「含水鉱物」と呼ばれています。

　今回研究チームは、「はやぶさ2」が昨年リュウグウに到着した後、リュウグウから届く赤外線によって、90％以上の地表の岩石の組成を調べてきました。これまでの調査では、リュウグウの岩石には炭素を成分とした有機物も含まれるとみられています。有機物は、単純な構造をしたものから私たちの体をつくっているたんぱく質など複雑に結合したものもあります。

　生命誕生の仮説の一つに、小惑星などの天体が地球にぶつかり、水や有機物が地球にもたらされたというものがあります。それを調べるには、小惑星が含んでいる成分を詳しく調べる必要があるのですね。

第7章

3億キロ彼方の
人工クレーター
──未踏の挑戦

進取果敢

運斤成風

彗星探査機「ディープ・インパクト」の野望

　初代「はやぶさ」が小惑星イトカワへの旅路を急ぎつつあった2005年1月12日、フロリダのケープ・カナベラル空軍基地から、NASAの彗星探査機「ディープ・インパクト」が飛び立ちました。その後順調に飛行を続けたこの探査機は、173日・4億3000万キロの旅程を翔破して、同年7月4日、テンペル第一彗星に接近、フライバイしながら主として銅とアルミニウムの合金からなる約370キログラムのインパクター（衝突体）を発射、秒速10キロ強（時速3万7000キロ）で彗星表面に衝突させることに成功しました[図7-01]。

　「ディープ・インパクト」本体はとどまる

図7-01　ディープ・インパクト探査機から発射された衝突体がテンペル彗星に激突した（想像図）（2005年）

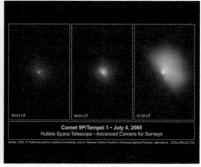

図7-02　インパクター衝突の瞬間（左：ディープ・インパクト、右：ハッブル宇宙望遠鏡）

ことなくその場を通過し、2007年以降は探査機名称も「エポキシ」と改名して延長ミッションを遂行し、2011年11月にハートレー第二彗星の接近観測を敢行しました。

　テンペル彗星への衝突によってできたクレーターや飛散したダストの観測は、「ディープ・インパクト」に搭載したカメラや赤外線スペクトロメーター、ハッブル宇宙望遠鏡、スピッツァー宇宙望遠鏡、チャンドラーX線観測衛星、ハワイ・マウナケア山頂の地上望遠鏡群などによってとらえられました[図7-02]。

2019年3月20日
「はやぶさ2」は4月5日に
人工クレーターに挑む

　ところで、「はやぶさ2」の1回目のサンプル採取は鮮やかに成功しました。あの初代「はやぶさ」の時のドタバタ劇はどこへやら、「はやぶさ2」チームはスマートに歴史的な偉業をなしとげました。次に期待されているのは、史上初の小惑星に人工クレーターを形成するオペレーションです。

　こうやってミッションが一山越えると、次の山場をめざす話し合いの中に、必ず「悲観論者」の意見が混じります。「もう帰ろうよ」というヤツです。「ここまでやったら安全策をとって……」というわけです。「はやぶさ2」のような一致団結しているチームにも必ずいたと私は思います。そして見守っている周囲の人たちにも。

　そのような議論の凸凹に立ち入ることはやめましょう。「はやぶさ2」チームは、楽観論・悲観論・阻止論・猪武者論混じる百家争鳴を乗り越えて、ディープ・インパクトに次ぐ史上2度目の人工クレーター形成に挑むことを決断しました。決行日は来る4月5日。

　ディープ・インパクトとの違いは、①ターゲットが彗星ではなく小惑星であること、②クレーター形成の後、その場にとどまってラ

ンデブー飛行をしながら、内部から吐き出された物質の観測を詳細に行うこと、③事情が許せば着地してその露出した内部物質を採取すること、などです。この3つの違いがあるために、この「はやぶさ2」のめざす人工クレーターが成功した暁には、それが「世界初の快挙」になるのです。

人工クレーターと「インパクター」

　今日は、「人工クレーター」という耳慣れない言葉とミッションの概略を説明しましょう。

　弾丸を撃ち込んでサンプルを舞い上げる採取方法は、初代「はやぶさ」が採用したのを「はやぶさ2」も受け継いだのですが、それに加えて、「はやぶさ2」では、爆薬を使って銅板の弾丸を加速し、人工のクレーターをつくる衝突装置（インパクター）というユニークな採取方法が考案され搭載されました。その新技術を紹介します。

　装置全体は「SCI（Small Carry-on Impactor）」と命名され、全体の形は、直径30センチ、高さ30センチの円筒形。ステンレス製の円錐形容器の底が薄い銅板でふさがれていて、中に火薬と樹脂を混ぜた爆薬4.5キログラムが詰めてあります。質量は18キログラムほど。この装置が「はやぶさ2」の底面に取り付けられ[図7-03]、「はやぶさ2」の降下中に分離されます[図7-04]。

　円錐底面部を覆う質量2.5キログラムの銅製のライナー[図7-05]は、爆薬の爆発（爆轟）によって解放され、リュウグウ表面に向かって落下しながら受けた爆圧で変形していき、ついには弾丸形状になって表面に激突し、クレーターを作ります[図7-06]。

　「はやぶさ2」は、このインパクターを分離した時点で、すぐに移動を開始し、爆発の時の破片が当たって損傷しないように、（卑怯にも……笑）小惑星の陰に隠れます。隠れ切ったことが確認された頃に、

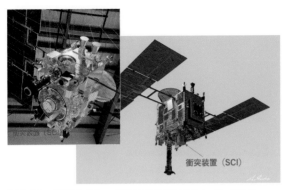

図7-03　「はやぶさ2」の下面に取り付けられたインパクター

図7-04　「はやぶさ２」から
分離して降下するインパクター
（想像図）

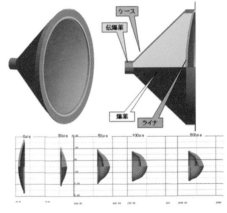

図7-05　「火薬が爆発するとライナーが変形しな
がら高速で小惑星表面に衝突

インパクターは爆破され、銅版が飛び出るわけです。その後、一旦
避難した「はやぶさ２」が戻ってきて、できれば再びサンプラーで地
下物質を採取する——まるでサーカスみたいですね。

　ただし、小惑星の陰に避難している「はやぶさ２」は、その衝突の
瞬間を目撃・観測できません。だから避難の前にDCAM3という監

図7-06　ライナーは弾丸となって小惑星に激突する。それに先だち、「はやぶさ2」はリュウグウの陰に避難している。

図7-07　「はやぶさ2」のインパクターの様子を撮影する搭載カメラ「DCAM3」

図7-08　インパクターで形成されたクレーターに「はやぶさ」が降下してサンプルを採取する

視カメラを放出して、自らの危険を顧みず、衝突の瞬間をキャッチします。DCAM3には、リアルタイム性に優れるアナログカメラと、高精細の理学観測が可能なデジタルカメラを搭載[図7-07]。内蔵バッテリーにより最長で3時間程度の動作が可能です。アナログカメラはNTSC規格のアナログテレビ相当の画像を送信し続けて衝突の動画像を撮影し、デジタルカメラは2000×2000画素のモノクロ画像で衝突時の噴出を約1メートルの分解能で観測します。

　実は、小惑星の表面物質は、太陽風などによって「風化」することが知られています。1回目の「サンプラー」方式では、地表の浅い部分の物質しか得ることができませんが、インパクターで作ったばかりのクレーターの内部にタッチダウンできれば、クレーター形成の際の衝突で内部から

飛び出した未風化の地下物質が採取できます[図7-08]。内部の物質は、この小惑星の出来立ての様子をよりしっかりと保存していると考えられますから、このインパクターが採取したサンプルこそ、正真正銘の「太陽系の化石」と言えます。

　インパクターをぶつけたときに飛び散るたくさんの地下物質を観測したり、形成されたクレーターの大きさや深さなどを調べることで、小惑星の構成物質や内部構造などを推測すれば、それだけでも貴重な情報はもたらされるでしょうが、できることならサンプルも欲しいところですよね。

　クレーター形成のターゲットに選んだ場所は、2月22日に1回目の着地・サンプル採取に成功した場所（通称「タマテバコ」）の東側に位置する「S01」[図7-09]。ここも、リュウグウ表面のご多分に漏れず大小の岩塊に覆われてはいますが、他と比較すると、比較的平坦なのです。それもそのはず。ここは小惑星の研究の従事する惑星科学のチームが、凸凹だらけのリュウグウを目を皿のように精査してついに選び抜いた場所だから。

　ざっとその筋書きを描いてみましょう。実験に先立って、3月8日には「S01」領域の予備的な調査を行い、3月20～22日には、クレーターを作る予定地域を実験前にしっかりと観測しておく「CRA1」運用も実施しました。こうしておけば、クレーター形成でおそらく相当様変わりするリュウグウの表面と比較できますから。4月5日のインパクター衝突・クレーター形成を挟んで、4月22日の週に「CRA2」運用をやり、同じ地域のデータを「CRA1」と「CRA2」で比較して、クレーター形成の様子を詳しく調べます。その後可能であれば、5月以降に第二回タッチダウンを敢行して、人工クレーターによって放出された物質の採取に挑む心づもりです。

　なお、DCAM3は、日本が史上初めて成功したソーラーセイル「イカロス」で使った分離カメラ「DCAM」の改良バージョンです。

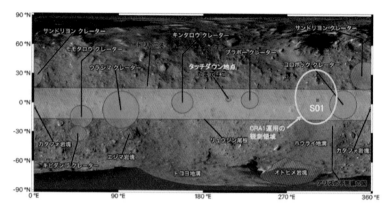

図7-09　人工クレーターをつくる候補領域S-01

実はね、このインパクターは東日本大震災で大きな被害を受けた福島県の企業を中心として作られたものなんです。2011年の地震・津波・原発事故で、福島県を中心として、東北地方は、伝統あるものづくりに大きな打撃を受け、その影響は日本全国のさまざまな企業の製品に影響しました。インパクターを担当した人たちは、「東北の底力を見せてやる」と張り切って作ってくれました。その成果が見事に花開くよう期待しましょう。

2019年3月26日

人工クレーター形成の手順

　今日は、4月5日にどのような方法でクレーターを作るのか、その部分のプロセスを整理しておきます。**図7-10**を参照してください。
1　4月5日(または4月4日)、「はやぶさ2」は、高度20キロのいわゆる「ホームポジション」からリュウグウへの降下を開始。
2　高度500メートルまで降りたところで、「はやぶさ2」の下面に装備したSCIを分離。続いて、「はやぶさ2」本体は衝突目標地

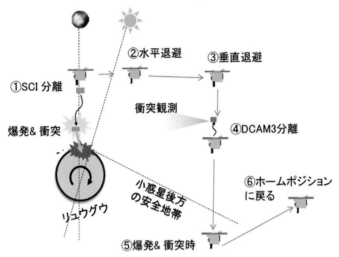

①SCI 分離

爆発＆衝突

②水平退避

③垂直退避

衝突観測

④DCAM3分離

リュウグウ

小惑星後方
の安全地帯

⑥ホームポジション
に戻る

⑤爆発＆衝突時

図7-10　人工クレーター形成の手順

　点の反対側に向けて退避を開始。

3　退避の途中、衝突目標地点から1キロほど離れたところ
　で、「はやぶさ2」から、衝突の瞬間を観測するためのカメラ
　「DCAM3」を分離。

4　SCIは分離から40分後にタイマーによって爆発し、衝突体が
　変形しながらリュウグウ表面に衝突。衝突の瞬間をDCAM3が
　撮影。その撮影データは、「はやぶさ2」本体を経由して地球に
　送信。

5　衝突後、高速の噴出物はリュウグウから飛び去り、低速のも
　のはリュウグウの小さな重力に引かれて落下。小さな浮遊物は
　太陽光の圧力によりリュウグウから遠ざかる。これらが落ちつ
　いて周囲の安全が確保できるまで、衝突後2週間程度かかると
　想定している。

6　安全が確保されたら、「はやぶさ2」はホームポジションに復
　帰。

2019年4月1日
開発者の想い

　「はやぶさ2」チームのプロジェクト・エンジニアを務める佐伯孝尚さんが、このインパクター開発の指揮を執りました。このインパクターは、世界初の要素がいくつも含まれている「野望」とも呼べる仕事なのに、成功か否かを評価する基準として、

・ミニマム・サクセス：衝突体を対象に衝突させるシステムを構築し小惑星に衝突させる、
・フル・サクセス：特定した領域に衝突体を衝突させる、
・エクストラ：衝突により、表面に露出した小惑星の地下物質のサンプルを採取する、

などが列挙されたそうです。つまり、小惑星に衝突できなかったら、ミッションが「失敗」とみなされるという基準になっているわけです。佐伯さんは、「エーッ、世界初に挑む仕事に、それはないんじゃないの」と思って抵抗したけれども押し切られたそうです。まあ確かに何となく事情をよく分かっていない人が綺麗に整理した形で基準を決めているようではありますね。というわけで、チームの「野望」は一層激しく燃え上がりました。

　そのSCIチームは、この難易度の高い衝突実験を、岐阜の神岡鉱山などで念入りに実験しました[図7-11]。私が佐伯さんと話した感触では、「かなり自信とかなりの不安」が同居している状態のようでした。実験の実証による

図7-11　インパクターの地上実験の様子

技術的な裏付けがあったとしても、やはり史上初めて実施する挑戦であり、しかも場所は地球から3億キロもの彼方。言い知れぬ不安が襲ってくるのは当たり前のことです。成功したときの彼の破顔一笑を見たいという想いを抱いて彼を科学館から送り出したのを覚えています。その喜びの瞬間が刻一刻と迫ってきていると信じています。

2019年4月10日

リュウグウに人工クレーター
——「はやぶさ2」の衝突実験成功

　やりました！　さる4月5日、「はやぶさ2」は、小惑星リュウグウの内部を調べるため、人工のクレーターをつくる世界初のミッションに挑み、成功しました。以下は、「はやぶさ2」のプロジェクト・エンジニアであり、インパクター開発の指揮を執った佐伯孝尚さんの心の動きを軸に描くその一部始終です。

　この日午前11時前、高度500メートルで金属の塊を発射する「インパクター」と呼ばれる装置を切り離しました［図7-12］。その40分後、インパクターは爆発し、ライナーを高速で発射しました。ライナーは、爆轟による圧力で変形しながら、純銅製の弾丸となって小惑星の表面に激突。さあ、クレーターの形成や如何に？

　衝突装置がこうした動きをしているとき、「はやぶさ2」の本体は、爆発した装置の破片にぶつからないよう、小惑星の陰に避難してい

図7-12　「はやぶさ2」から分離された後のインパクター（「はやぶさ2」のカメラが撮影）

るはずです。このジリジリとした時間帯、佐伯さんが最も恐れているのはその「はやぶさ2」本体の損傷でした。

　そのときの彼の心境──「私は心配性なので、何か起きたときのプランを事前に「とんでもない数」考えました。当初は、探査機が無事であれば十分と思っていたのですが、探査機の無事が分かった瞬間、今度は打って変わって"衝突装置はうまくいっただろうか"と次の心配が一挙に押し寄せてきて、胃がキリキリと痛みました。ここが一番つらく、地獄のような時間でした。リュウグウに穴があくか、私の胃に穴があくか、競争しているみたいな感覚でした」

　こうした場合、最初に管制室に届くのは、もちろん「はやぶさ2」本体の状況です。管制室のみんなが、インパクターの分離と爆発が相次いで成功したことを喜び合っているとき、佐伯さんは、喜びながらも「ちゃんと衝突したのかどうか」が気になって落ち着きませんでした。そのとき突然誰かが「DCAMの映像が届いたらしいぞ」と叫び、管制室が別の騒めきに包まれました。管制室の隣の部屋のモニターが、分離したカメラDCAM3からの情報をキャッチしたらし

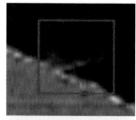

図7-13　DCAM3からのグッド・ニュース

いのです。管制室のみんなが一斉にそっちへと雪崩を打って移動し始めました。

　佐伯さんがモニターの前に押し出されました——そこには、「はやぶさ2」が放出した小型カメラの画像が「うっすらと生々しく」輝いて見えました。衝突予定時刻の直後、リュウグウの表面から、クレーターができる際に飛び散る岩石などの噴出物が、カーテン状に一気に広がっていく様子が確認されました［図7-13］。人工のクレーターがつくられている可能性が高いと思われます。

図7-14　地上試験でできたクレーターの大きさ

図7-15　地上試験における衝突で飛散する物質（イジェクター）の様子

　佐伯さん
——「クレーターができた瞬間の写真を見たときは"天からのプレゼント"と思うくらいうれしかったです。」

　画像の中央に見えるリュウグウの赤道部分よりわずかに北側の表面から、Ｖの字を描くように噴出物の線が宇宙空間に向かって飛び出しているのがわかりますね。高さは70メートルから80メートル程度とみられるということで、向かって右に見える北側の方が南側

に比べてはっきりと写っています。

　画像が撮影されたのは、午前11時36分。計画通りであればリュウグウの表面に金属の塊が衝突した時刻の1秒から2秒後に撮影されたものですね。

ふたたび佐伯さん

——「成功確認のレベルが上がるにつれて、溢れ出る涙がどんどん増えて行きました。衝突装置がぶつかったのは狙った場所からわずか20メートルしか離れていなかったんです。野望、つまり身のほどを超えた大きな望みといえるほど非常に難しい技術だったのに、チームの知恵と努力で本当にうまくいきました。」

——「地上で実験したときは、砂の山に計画通り銅の球をぶつけることには成功したものの、大きなくぼみができず[図7-14]、"本当に大丈夫だろうか"と心配になったこともありました。さらに爆薬が5キログラム近く入っているため、種子島から打ち上げのときも、"爆発したらどうしよう"と心配だったんです。でもまだはっきりしませんが、地上実験の時とイジェクタ（放出物）の噴き方が似ている[図7-15]ようなので……」と懐かしそうな眼差しで6年前の瞬間を振り返りました。

　さて、リュウグウの陰に回り込んで一時避難していた「はやぶさ2」は、数日後にはリュウグウからおよそ100キロの距離まで離れ、小惑星の上空にはおよそ2週間後に戻る予定です。その後、クレーターができたとみられる衝突地点の観測を開始し、小惑星内部の状況を明らかにしていくことにしています

　今回の成功によって、世界は宇宙探査の新しい手段を確立したことになり、小惑星内部の物質を史上初めて手に取って調べる大きなチャンスが生まれました。本当に見事なオペレーション！　初代「はやぶさ」もやっていない、宇宙開発の歴史に残る快挙です。

プロマネの言葉

「はやぶさ2」の津田雄一プロジェクト・マネジャーは、

——「これ以上望むものはない。大変興奮してます。やってみなければ分からない運用でした。そのために非常に綿密に、打ち上げた後も、リュウグウに着いた後も、検討を進めてきました。それをすべて計画どおりできました。実際に予定した地点に衝突の反応とみられるものが観察できているので、これ以上望むものはない。そういう成功だと思ってます。画像で衝突を確認できた際は、メンバーの間で大きな歓喜の渦が巻き起こりました。今回の成功によって宇宙探査の新しい手段を確立することができました」

嬉しさいっぱいに話しました。

「はやぶさ2」の再接近によるクレーター観測が非常に楽しみになってきましたね。ぜいたくを言えば、そのクレーターからサンプル採取をしてほしいのですが、それは今後、チームが綿密に検討し、トライするかどうかを決めてくれるでしょう。

2019年5月4日
「はやぶさ2」人工クレーターを確認
——喜びに沸く管制室

「はやぶさ2」チームは、はさる4月25日、小惑星リュウグウに銅の塊を衝突させた地点を上空から観測し、人工クレーターができていることを確認しました。小惑星でのクレーター形成に成功したのは世界初。

「はやぶさ2」が上空約1.7キロまで近づき撮影した画像と、先月インパクター(衝突装置)から放った銅の塊を衝突させる前の画像とを、みなさんの目で比較してみてください[図7-16]。リュウグウの

図7-16　衝突前(右：3月22日)と衝突後(左：4月25日)

図7-17　クレーターのおおよその形

表面がくぼんで、噴出物が周囲に積もって暗くなっている様子が確認できるでしょう。これが衝突実験の成果──世界初の小惑星表面にできた人工クレーターです。クレーターの直径は10メートル以上に見えます[図7-17]。

　この人工クレーターの直径の「10メートル以上」というのは、「はやぶさ2」チームが想定していた最大級のものだったそうです。深さがどれくらいかを現在解析中ですが、今後は画像をもとに地形を詳しく分析していく作業を急いでいます。

素晴らしかった人工クレーターの着想

　リュウグウは、太陽系ができた頃の様子を体内に保存していると見られていますが、その表面は、形成された頃からずっと太陽風や宇宙線などにより、「宇宙風化」と呼ばれる影響を受けてきたと考え

られます。だから、本当に太陽系形成時の「新鮮な」状態を見るためには、宇宙風化を受けていない小惑星内部の物質を露出させる必要がありますね。

そこで今回の「人工クレーター」という着想が生まれたわけです。このたびできたクレーターを観察すると、クレーターを中心に約40メートルくらいの幅の地域にわたって、衝突の際に飛び散った噴出物が降り積もっています。

そして非常に印象的だったのは、それでなくても黒っぽかったリュウグウに人工クレーターができてみると、クレーター内部がさらに黒いですね。私は生物学の専門家ではないので、その道の同僚に訊くと、彼は言いました。

――「黒い物質は有機物を豊富に含んでいる可能性がある」

そうか、では、リュウグウは生命の材料物質に富んだ天体なのでは？　有機物は太陽の輻射熱を受けると、消えたり蒸発したりするでしょう。地下に保存されていた物質の方が表面の物質よりも有機分子の種類と量が豊富なのは、素人でも分かります。「はやぶさ2」には有機物を観測・分析できる機器が乗っていないので、内部物質のサンプルを持って帰って初めて分析ができることになります。いやが上にも、第二回タッチダウンへの期待が高まってきました。

2019年5月14日

人工クレーター新たに１０個前後
――「はやぶさ2」着陸準備

「はやぶさ2」チームが、4月にインパクター（衝突装置）を爆破させて、銅製の弾丸を小惑星リュウグウに衝突させ、表面に人工クレーターを世界で初めて作った話はしましたね。衝突前の画像と衝突後の画像を念入りに比較した結果、リュウグウには、比較的小さい直径1メートルくらいの人工クレーターが10個前後できていること

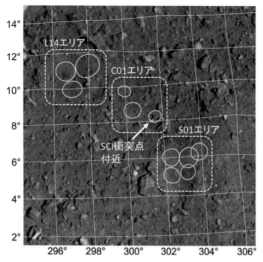

図7-18　現時点での第二回タッチダウン候補領域。画像は人工クレーターを作る前に撮影したもの

を発見したそうです。上空で爆発させたインパクター（衝突装置）の破片などが表面に激突してできたと思われます。今後はこれらのクレーターも重要な観測対象となるので、ますます豊かな成果が期待できそうですね。

　インパクターから放たれた金属弾でつくった大きなクレーターは直径10メートルほどで、深さは2〜3メートルに達しています。チームは、これから5〜6月にかけて、何回かリュウグウ表面の近くまで降下して接近観測し、大小のクレーターをできるだけ詳細に調べる予定です。

　クレーターのできた辺りには、岩石がいっぱい存在しています。下手に近づくと、広げた太陽電池パネルなどに傷がつき、帰還のフライトに影響が出ると困るし、でもクレーターからサンプルを採取することができれば、科学的価値は一層素晴らしいものになるから、降りてサンプルもとりたいし、悩ましいところですね。チームは、着陸・サンプル採取に挑むかどうかを、今後の詳細な調査によって決定するつもりです。

　今のところ、着陸の候補地点として、11ヵ所が挙げられています[図7-18]。この候補地の中には、元々クレーター形成のターゲットだったS01も含まれています。いずれも衝突の際に飛び散った岩

石などが落ちていると思われる地域で、安全に着陸できる可能性のある場所が選ばれています。詳細な地形を観測し、技術的な検討もして、6月上旬ころまでに着陸可能かどうかを判断し、可能な場合は6月下旬から7月上旬の間に降りるつもりです。

　サンプル採取が技術的に可能で、しかもサンプルの科学的価値が高いもの——こういう欲張った条件をもつ場所が、1ヵ所でいいから見つかるといいですね。

　まずは5月16日に、ターゲットマーカーを落として、「はやぶさ2」をリュウグウの上空10メートルあたりまで降下させ、地形を詳しく観測します。場合によっては、こうしたオペレーションを何度かやるのか、現在慎重に戦術を練っているところです。

2019年5月25日
「はやぶさ2」調査降下を中断
——撮影には成功

　4月に作った人工クレーターとその周辺には、リュウグウが形成された大昔の生々しい様子を保存していると思われる小惑星内部の物質が露出しています。「はやぶさ2」チームは、地球帰還に旅立つ前の最後の大事な仕事として、そのクレーターで露出した物質のサンプルを、6月末から7月初めにかけて採取したいと考えています。

　でも、着地した場所に大きな岩があったりすると、「はやぶさ2」が損傷して帰れなくなる可能性もあり、着地・サンプル採取の地点は慎重に選ぶ必要があります。高いところから見ただけでは、詳しい地形がはっきりしないので、「はやぶさ2」チームは、サンプル採取のための降下に先立って、候補となる場所をいくつかしっかりと調査しておくことに決めました。

　そしてさる5月15日、リュウグウ表面からの高度約10メートルまで降りることをめざして、降下を開始しました。実は、「はやぶ

さ2」は、地球から3億キロ以上も遠くにいるので、地上から指令を出すと、電波が片道20分くらいかかってしまいます。だから表面近くまで行くと、もう地上からの指令では間に合わないので、憶えさせているコンピューター・プログラムによって、自律的に行動します。

今回も自分で判断しながら、計画に沿って降りていたのですが、翌16日、高度50メートルあたりまで降りた時に何らかの異常事態が生じたらしく、「はやぶさ2」は、降下を中止して上昇を開始しました。落とす予定だった着地の目印（ターゲットマーカー）も分離しませんでした。「はやぶさ2」の状態は正常で、17日の午前中には、すでにホームポジションに戻っていることを確認しました。

原因は高度計の感度切り替え時のノイズ混入

何が起きたのか、チームでは急いで「はやぶさ2」が送ってきたデータの分析を進め、事情が分かりました。「はやぶさ2」が降下するときは、リュウグウ表面に向けてレーザー光を発射し、それが表面で反射して帰ってくるまでの時間から、表面からの距離（高度）を確認しながら降りていきます。そのために使う機器がLIDAR。レーザー高度計です。

今回、途中でLIDARの受信感度を変更した時、何かノイズ（雑音電波）が入り込んだらしく、ほぼ高度50メートルあたりにいるはずなのに、その切り替え時のノイズのせいでLIDARが「6キロ」という途方もない値を示したため、搭載コンピューターが「これはおかしい、何らかの異常事態だ」と判断して、降下を自律的に中断したのです。本当は高度50メートルくらいにいたのだから、機器の「誤作動」と言えなくもないのでしょうが、器械としてはプログラムされたとおりに忠実に働いたので、「誤作動」と言うと怒るかもしれませんね（笑）。

上昇中に撮影した着陸候補地点をめざして再挑戦

　その後上昇に転じたわけですが、しぶといことに上昇しながらリュウグウ表面を撮影するプログラムを「はやぶさ2」は実行しました。そして何たる強運！　高度500〜600メートルあたりからいくつかの着陸候補地点を視野に収めていたのです[図7-19]。この写真には、人工クレーターとその周辺の様子がかなり鮮明に写っており、あらかじめ目をつけていた着陸の候補地点のいくつかが映っているではありませんか！

　この写真を見る限りでは、それほど大きな岩がなくて着地できそうな場所がありそうに見えます。ただし高度500〜600メートルくらいからの写真だけでは、詳しいことは分からないのですが、どうやら当初のクレーター形成の目標領域S01よりも、C01の北端付近の方がサンプル採取に適しているのではないかと佐伯さんは考えました。

図7-19　幸いにも撮られていた着陸候補地域の様子

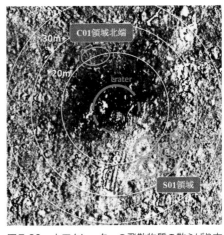

図7-20　人工クレーターの飛散物質の散らばり方

というのは、クレーター形成で飛び散ったリュウグウ内部からの放出物は、**図7-20**のごとくであり、その黒っぽい物質はS01よりもC01北端の方が豊富にあるように見えたからです。クレーターからの距離は同じくらいなのに、なぜ、放出物はS01の方へ飛んでいないのか。その理由はすぐに気づきました。できた衝突地点の右下部分に大きな岩があって、そっちへ飛散物が飛んでいくのを妨げていたのです。

　こうして一応C01-Cを第一候補にして、5月28日、ターゲットマーカー投下を含む降下リハーサルが開始されました。

2019年6月22日

ターゲットマーカー、誤差は3メートル
──いよいよ旅先の最終章

2つ目のターゲットマーカーを投下──誤差は3メートル！

　高さ10メートルあたりまで降りてターゲットマーカーを投下したところ、驚くなかれC01-C領域の真ん中からわずか3メートルの場所に落ち着きました。第一回タッチダウンの時に投下したターゲットマーカーが降り立った場所は、ターゲットから15メートルも離れていたのですから、見事な手並みでした。一つだけ困ったことが起きました。

　この降下の際の詳しい画像**図7-21**を見ると、一つだけC01-Cの中に目障りな岩があります。ここに着陸するとなると、大きな岩があると困ります。太陽電池にぶつかれば間違いなく致命傷を負います。もちろん、領域の真ん中に降り立てば、問題はないわけですが。

　岩の高さは太陽光線によってできる影の長さなどで測定するのですが、サンプラーの長さ（1メートル）を考慮した岩の高さの制限はそのとき70センチでした。3億キロ彼方の太陽の影から算出する数十センチの測量です。なかなか厳密は期しづらいところはあります。

佐伯さんは必死でした。目標点からわずか3メートル。誘導制御の観点からも絶妙の場所にターゲットマーカーが鎮座している！　担当の理学チームに、「ねえ、この岩の高さ65センチだよね、ね、ね、ね」と「値切り」倒して、その岩は65センチと登録され、C01-Cが正式に第二回のタッチダウン目標に認定されたのでした。

　LIDARの「誤作動」にもかかわらず、上昇中に画像が撮れたおかげで、太陽が接近して小惑星表面が高温になる7月上旬までにクレーター付近に着陸することを目指す作業は、ほぼ予定通りに進められるようです。転んでもただでは起きない「はやぶさ2」。よかったですね。5月30日、「はやぶさ2」は、小惑星リュウグウへ2度目の着陸をするための目印として、リュウグウの上空10メートルから新たに「ターゲットマーカー」を投下し、狙った場所からわずか3メートルのところに見事に落ちたことを確認しました[図7-22]。

　私たちから3億キロも離れた場所で誤差3メートルというのは驚異的ですね。どんぴしゃりの極めて高い精度で投下できたことを意味しています。すでに紹介したように、「はやぶさ2」は昨年10月、1個目のターゲットマーカーをリュウグウへ投下し、そのときは、狙った場所から約15.4メートルの地点に落ちました。それが今回は誤差3メートル！

　「はやぶさ2」の場合、神奈川県の相模原にある管制センターから指令を出すと、片道20分近くかかって命令が届く勘定になるので、細かい作業にはとても間に合いません。だから「はやぶさ2」が降下を始めて、高度500メートルあたりまでくると、地上からコントロールすることはやめて、その後の着地からサンプル採取、離陸というオペレーションは、あらかじめ組み込まれている「はやぶさ2」搭載のコンピューターに頼って自律的に行います。

　相模原の管制センターでは、「はやぶさ2」が自律的な作業を終えて上空に舞い上がった後に、送られてくるデータを基にして、現場で何がどのように実行されたかを判断することになります。「自律

図7-21　C01-C領域付近の精細画像と岩の分布

的」とは言っても、しょせん人間が作ったプログラムなので、思った通りに動いてくれていると、それはそれは嬉しい気持ちになるものです。

しかも1個目のターゲットマーカーで15メートルを越えた誤差が、今回は3メートルになったわけですから、「はやぶさ2」は1回の経験を生かして、急速に賢くなったわけです。

ただいま熱い議論の真っ最中

そして6月12日から13日にかけて、「はやぶさ2」をリュウグウの表面近くまで降下させるオペレーションを実施し、表面の状態を念入りに調べるデータを手に入れました。現在それをもとにしてチームのみんなで熱い議論をしています。最終的に2回目の着陸を実施するかどうかを決定するためです。その結論は25日に発表します。

こういう議論の時には、いろんな人の性格がむき出しになってきます。「1回目にサンプル採取したんだから、もういいじゃないか。もう帰ろうよ」という消極派から、「地下のサンプルが見えているんだから、どんな困難があっても絶対チャレンジすべきだ」という断固たる強硬派まで、さまざまです。そしてみんなの意見とその論拠をしっかり見極めて、最終的にはプロマネが決定をします。

もちろん、議論の過程では、プロマネも自分の意見を熱心に話します。議論を尽くした後は、プロマネの決めたことは、つべこべ言わないで、みんなで一生懸命に力を合わせて実行する――これが優れたチームの証です。

図7-22　見事だった第二回目のターゲットマーカー投下

さあ、6月27日ごろに、いよいよ地下物質の採取に挑戦するか？！

　今年4月に、インパクター（衝突装置）を使って世界初となる小惑星への人工クレーターを作り出しましたね。その衝突によってリュウグウ内部からあふれ出てきた物質を採取するオペレーションにチャレンジするかどうかというのが、現在の議論のテーマです。これは、初代の「はやぶさ」もやらなかったことなので、「はやぶさ2」チームとしては、挑戦したい気持ちを持っていると推察します。プロジェクトがクライマックスを迎えているのです。

　できたクレーターのど真ん中は、調べた結果、さすがに岩だらけでした。そこに着地すると「はやぶさ2」の機体が損傷する可能性が高いので、現在着陸候補地として選んでいるのは、クレーター中心から20メートルほど離れたところにある、幅7メートルほどの楕円形の領域です。

　チームは、6月13日の降下で撮影したリュウグウ表面の28枚の

図7-23　第二回タッチダウン候補地域
の詳細

画像を編集して、2回目の着陸候補地点を詳細に浮かび上がらせてある図7-23のような画像を作成しました。撮影の高度は、最初が約52メートル、最後が約108メートルです。左上方の中央部に白い点が見えます。これがターゲットマーカー(TM)ですね。

　大きな岩がかなり存在していますが、TM近くの楕円形の着地予定地域に、大きな岩石に触らないよう微妙な着陸オペレーションが遂行されるといいですね。

　なお、7月に入ってしばらくすると、太陽がリュウグウに接近してきて、リュウグウの表面がものすごく熱くなってきます。サンプルの採取はそれまでに行いたいので、やるとすれば6月末が着陸の候補日なのでしょう。降下・タッチダウンの時の「はやぶさ2」の雄姿を心に描きながら、25日の決定発表を楽しみにしていましょう。

撓雲見日
科挙圧巻

第8章

第二回タッチダウン
―小惑星の内部物質を採取へ

7月11日に2回目のリュウグウ着陸をめざす

　2回目の着陸について検討していた「はやぶさ2」チームは、さる6月25日、探査機「はやぶさ2」が7月11日にリュウグウへの2回目の着陸に挑むと発表しました。人工クレーターの近くに着陸し、クレーター形成の際に小惑星内部から掘り出された地下の物質を採取する計画です。太陽の接近に伴ってリュウグウが非常に熱くなるので、その温度の予想データを詳細に検討した結果、結論を出したのでしょう。

　クライマックスのオペレーションですから、慎重であるに越したことはありません。帰還のために小惑星を出発するのは、今年の11月～12月ですから、時間はまだあります。

　既報のように、その着陸目標地域(C01-C)の中心点からわずか3メートルのところに、すでにターゲットマーカーが投下されており、これから地形の調査・分析をさらに重ねて、慎重に着陸・サンプル採取の作戦を練り、訓練も重ねて、7月11日に表面に舞い降ります。

　いよいよミッションは、数十億年前の物質が生々しく散らばる現場に「はやぶさ2」が舞い降りる、帰還前の最大の山場を迎えます。世界が、1回目のサンプル採取、人工クレーター形成につぐ快挙に注目している。がんばれ、「はやぶさ2」チーム！

NASAの探査機が至近距離で撮った
小惑星ベヌー

　NASAの小惑星探査機「オサイリス・レックス」は現在、地球近傍小惑星ベヌーを周回しながら表面を観測・調査し、表面物質のサンプルを採取する作戦を検討中です。このたび、NASAは、その「オ

サイリス・レックス」のカメ
ラが6月13日にとらえたベ
ヌーの画像を公開しました
[図8-01]。

　撮影した高度は、約644
メートル。この距離からだ
と、探査機のカメラは、解像
度50センチで精度で小惑星
の表面を撮影できるそうで
す。ベヌーは、全体の形状が
「はやぶさ2」がターゲットに
している小惑星リュウグウと

図8-01　探査機「オサイリス・レックス」が撮
影した小惑星ベヌー

非常に似ている[図8-02]のですが、実は運よくリュウグウよりもは
るかに豊富な水成分を含んだ岩石がいっぱいあるらしく、その分析
結果が発表されるのを世界の科学者たちは非常に楽しみにしていま
す（なお、この小惑星はこれまで日本のニュースでは「ベンヌ」と訳されていますが、
NASAの人はみんな「ベヌー」と発音しています。探査機も彼らの発音はアメリカ

リュウグウ　　東京スカイツリー　　ベヌー　　東京タワー
900m　　　　　634m　　　　　500m　　　　333m
図8-02　リュウグウとベヌーの画像と大きさくらべ

流に「オサイリス・レックス」ですね。参考のため)。

「はやぶさ2」の第二回タッチダウンの時間を発表

　「はやぶさ2」チームは、探査機「はやぶさ2」が予定通り7月11日に小惑星リュウグウへの2回目の着地・サンプル採取に挑むと発表しました。降下は、10日午前11時ごろから開始します。今年4月5日に作った人工クレーター近くに着陸することを計画しており、クレーター形成時の噴出物を採取できれば世界初の快挙です。着陸は11日午前10時5〜45分ごろになるということです。

着陸する決断をした裏話

　2月22日に第一回の着地を成し遂げ、リュウグウ表面のサンプルを採取し、さらに4月5日にインパクターを分離・爆発させて人工クレーターを作り、クレーター生成前と生成後の表面の比較観察をしましたね。

　この後に第二回の着地を敢行するかどうかについて、チームの中では慎重な議論が続けられました。なぜかと言うと、人工クレーターやその付近には、大きな岩石がゴロゴロ分布しており、着地した場所によっては、「はやぶさ2」本体が損傷する可能性もあるからです。

　せっかく1回目にサンプルを採取したのに、2回目の着地がうまくいかないで地球に帰還できなくなったら、元も子もなくなってしまいますからね。もう2回目はやめて無事に帰ることを最優先したい人は当然います。

　一方で、人工クレーターからのサンプルを採取出来たら、宇宙風化にさらされていない貴重なデータを持ち帰って、さらに価値の高

い研究成果につなげることができるという大きな魅力もあります。喉から手が出るほど、そのサンプルが欲しい研究者もいます。

　チームには、専門も異なり、また性格も異なり、また組織での立場の異なるさまざまな人たちがいますから、議論は白熱しました。

　「ゴーかノーゴーか」は、津田プロマネが最終的には判断します。そして津田さんは2回目のタッチダウンに「ゴー」の決断をしました。その決心を後押ししたのは、1回目のサンプルを分析することを楽しみに待っている仲間が、「2回目にも勇気をもって挑戦しろ」と励ましてくれたことだそうです。1回目のサンプルだって非常に大切な情報を持っていますから、2回目の着地をやめて早く持って帰ってほしいと言いたくなりそうな彼らが、チームの高い技術に信頼を寄せてくれたことが、大事な決断を最終的にプッシュしてくれたそうです。

　お互いを信頼し、一緒に高い目標に挑もうという仲間を持つというのは、嬉しいことですね。7月10日から11日にかけて、ぜひ全力で頑張ってほしいですね。

第二回タッチダウンのスケジュール

　2回目の着地・採取は**図8-03**のようなスケジュールで行われます。

●ホームポジション（高度20キロ）にいる「はやぶさ2」は、7月10日（水）午前11時ごろに降下を始め、最初のうちはLIDAR（レーザー高度計）から発射されるレーザーの往復時間を計って、リュウグウ表面までの距離をモニターしながら降りていきます。

●途中で、さる5月30日に投下したターゲットマーカー（TM）を探して見つけ、そこからはTMを目印にして降下します。

●高度が8.5メートルになったことが確認されると、LRF（レーザーレンジファインダー：近距離高度計）からレーザーを4本、リュウグウ表面に照射し、それぞれの示す距離から、着地点の傾斜の具合を測定します。この傾斜測定には不安定な要素もあるので、

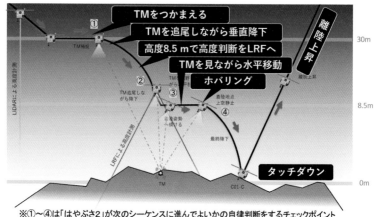

※①〜④は「はやぶさ2」が次のシーケンスに進んでよいかの自律判断をするチェックポイント

図8-03　第2回着地・サンプル採取のスケジュール

　誘導制御チームが臨機応変に対応します。

●地面の傾きが分かったら、「はやぶさ2」の下面がその地面と平行になるように機体を姿勢制御して傾け、ホバリングをしながらタイミングを見定めます。

●そして最終降下→タッチダウン→弾丸発射・サンプル採取→離陸・上昇

　何度も言っているように、途中からは、地上から指令していると時間的に間に合わないので、上記のオペレーションのほとんどを「はやぶさ2」は、搭載したコンピューター・プログラムに沿って、自律的に、臨機応変に遂行していきます。地上局でつかんでいる情報は、高度だけです。

　結果の成否が分かるのは、着地の後に「はやぶさ2」が舞い上がってから後に、いろいろとデータを送ってきてくれて、それを解析した後のことになりますが、今から待ち遠しい「クライマックス」です。7月12日の午前10時過ぎ――運命の瞬間が楽しみですね。

2019年7月10日

逆境の中のチャレンジこそ
ミッションの真髄
──正念場に思う

　今日から明日にかけて、「はやぶさ2」がリュウグウへの第二回タッチダウンに挑みます。いま私は、「はやぶさ2」の理学チームが作り上げたという第二回タッチダウン目標地の三次元立体地図の画像[図8-04]を見ながら、物思いにふけっています。

　「はやぶさ」の計画の発端となった頃のことが懐かしくこみあげてきました──あれはまだ宇宙科学研究所が「東大宇宙研」と呼ばれていた時代。キャンパスは東京目黒区の駒場にありました。日本の工学と理学が一体となって宇宙を目指していた。ハレー彗星がどんどん地球に近づいていました。みんな若かった。だから元気いっぱいだったけど無茶もやった。やることのすべてに「挑戦」の気分が見えていた。でもその中で最も大きな力の源泉になっていたのは、「理学」と「工学」という異なる探求をしているグループが、分け隔てなく、今で言う "One Team" を作って議論していたことだった──。

図8-04　チームが作り上げたリュウグウ着地目標点付近の3次元地図

第一回タッチダウン成功でチームが獲得したもの

いまの「はやぶさ2」の闘いの様子を見ていると、まさにその "One Team" を感じます。

さる2月22日、「はやぶさ2」は小惑星リュウグウへの第一回タッチダウンに成功し、ついに貴重なサンプルを、おそらく有り余るほど獲得しました。

その半年以上前に「はやぶさ2」が小惑星リュウグウに到着したとき、チームのメンバーは一様に「着陸できるのだろうか？」と不安を抱きました。それほど岩石だらけの表面は凄まじかったのです。チームは必死に着陸技術を磨き、50メートルくらいだった着陸精度を、3メートルくらいまで急ピッチで向上させ、根性論ではなく、あくまで科学的に第一回のタッチダウンをかちとりました。

第一回の着地で獲得したのは、小惑星表面のサンプルはもちろんですが、「このように議論し、このようにやれば着地できる」という方法と、「困難に尻込みしないで挑戦することに価値がある」という姿勢と、それを成し遂げる過程で力となった「分野をまたがるOne Team」とりわけ「工学と理学の協働」という価値の自覚でした。

いい野球選手は、アメリカ大リーグの最初の打席でピッチャーの球の速さにびっくりしても、3打席ぐらいからヒットを打つでしょう。「はやぶさ2」チームも大リーグ級。リュウグウはもはや彼らにとって特殊な場所ではない。その舞台で活躍している！

ここでの選択肢は2つ。人工クレーター作成に進むか、それとも大事をとってもう帰るか——こういう場合、チームの中には必ず強気と弱気の人がいます。あるいは楽観論と悲観論というべきか。それを冷静に大局的見地から捌いて結論に導くのが、プロジェクト・マネジャーの任務です。

さまざまな思惑を聞き、さまざまな思考をこらし、津田さんは「人工クレーター作成」に挑戦することにしました。そして4月5日、

インパクターを投下。見事にその人類史上初のミッションは達成されました。できあがったクレーターの観測もしっかりと遂行されました。

第二回のタッチダウンに挑むか、それとも大事をとるか

そして次の選択肢。クレーターで地上に出た小惑星内部の物質を取りに行くか、それとも大事をとってもう帰るか。「はやぶさ2」チームは、第二回のタッチダウンへ。強気の道を選びました。その陰には、この目の前の三次元地図に象徴される、約3ヵ月にわたる慎重で熾烈で内容豊かな議論と、膨大な量のテストとシミュレーションがありました。

決断のための判断基準としては、新たに獲得するサンプルの価値と着地オペレーションに伴うリスクの2つが挙げられます。

サンプルは多い方が有り難がられるのはもちろんですが、2回目は内部物質を人類史上初めて持ち帰るという意義が加わります。そしてあのクレーターの黒い色が豊富な有機物質と結びついているのであれば、新たに採取するはずのサンプルには革命的な価値があるということです。

他方、第二回に挑戦したために地球に帰還できない事態になると、第一回のサンプルも手にできないので、まさに「元も子もなくなる」ことになります。チームは、第一回のタッチダウンで得た教訓に沿い、勇気を持って進んでいきました。突きつけられている問いは、「第一回タッチダウンと同じくらいかそれ以下のリスクで、第二回タッチダウンが行えるかどうか」ということです。着陸目標付近の岩の大きさ一つひとつが複数のチームで調べられ、三次元地図が作成されました。探査機の状態も精査されました。そして、ありえないほどの不具合が想定されてシミュレーションが重ねられました。第二回の着陸をすることによって探査機がどんな影響を受け、それが地球の帰還に及ぼすリスクが、徹底的に評価されました。

こうしたデータをすべて並べて冷静に考察・評価した結果、「はやぶさ2」チームには、第二回タッチダウンを行う技術があると判断し、津田プロマネは言い切りました。
――「挑戦しない選択肢はない」
　着地を選んだ直後に津田プロマネと話した時、彼の発言には自信が漲っていると感じました。だから私は、そのチャレンジがまぎれもなく非常に確かな根拠を持った決断であると思います。
　いまその「理学と工学の協働」の象徴のような「三次元地図」を見つめている私の心に、「このごつごつの岩石だらけのリュウグウの大地に、もう一度着地して欲しい」――その願いがフツフツとこみ上げてきています。

不安はないのか……カメラの受光量低下はカバーできるか

　「はやぶさ2」が第二回タッチダウンを狙っているのは、赤道付近の半径3.5メートルの地域。4月5日にインパクターを衝突させて作った直径約10メートルの人工クレーターから、北に約20メートル離れています。ただしこれも衝突の際に形成された小クレーターで、小惑星内部からの噴出物が1センチくらいの厚さで積もっているとみられています。
　第一回タッチダウンが半径3メートル弱の地域を狙ったのに比べると、今回はいくぶん広いところをターゲットにしています。そして嬉しいことに、「はやぶさ2」は先の降下オペレーションで、着陸時の目印となるターゲットマーカーを目標地点から約2.6メートルという至近距離に落下させてくれています。第一回タッチダウンの時のターゲットマーカーは、目標地点から15メートルのところでした。リュウグウ表面の地形の厳しさは、第一回の時とそれほど変わりません。もちろん周辺には「はやぶさ2」より大きい岩石はごろごろしていて怖いほどですが、目標のすぐ近くでいちばん大きな岩石は高さ65センチほどのもの。おそらくオペレーションが順調な

ら、大丈夫と思われます。

　懸念材料が一つだけあります。第一回タッチダウンで舞い上がったチリやホコリが付着したことで、カメラや高度計の受光量が落ちていることです。検討の結果、これも着地の手順を工夫して何とか乗り切ることに決めました。まず、ターゲットマーカーを「はやぶさ2」のカメラが捉える高度を、45メートルから30メートルに下げました。高度を下げると視野が3分の2になります。この狭くなった視野でターゲットマーカーを捉えられるかどうか、チームの技が問われます。これがおそらく今回の最大のカギを握る瞬間になるでしょう。

　ターゲットマーカーを捉えたら、高度を8.5メートルまで下げ、その後は地表の傾きに合わせながら姿勢を変えていきますが、途中の高度計の切り替えがうまく行くかどうか。この場に及んでも不安材料はいくらでも挙がってきます。

　もちろん、少しでも危険を察知するか想定外の事態が生じれば、「はやぶさ2」を退避させます。その場合、状況次第で、7月22日の週に再挑戦する態勢ができています。

　7月10日11時1分、「はやぶさ2」チームは、リュウグウの高度20キロから、ゆっくりと探査機の降下を開始しました。もう少しで答えが出る……。

2019年7月13日
第二回の着地に成功
──世界初、地下のサンプルを採取

　「はやぶさ2」は、7月11日午前10時6分過ぎ(リュウグウ時間)、小惑星リュウグウへの2回目のタッチダウンに成功、4月5日の人工クレーター作製時に飛び散った、小惑星地下の風化していない岩石

のサンプル採取に成功した模様です。ふたたび世界初の快挙です。

　今もチームの「はやぶさ2」との交信は忙しくつづけられています
が、大きく見れば、2月22日の第一回のタッチダウンの際に採取し
たサンプルと合わせ、収納したカプセルの地球帰還を一日千秋の想
いで待つ段階がやってきました。それは2020年の暮れ──東京オ
リンピックの余韻が冷めた頃になる見通しです。

慎重を極めた降下作戦の変更

　今回着陸の目標にしたのは、2月22日の第一回着陸地点から約
800メートル離れた直径約7メートルの領域。4月5日に作った人
工クレーターからは約20メートル離れていて、クレーター形成の
際に、地下の砂や岩石が約1センチほど積もったとみられています。
周辺には、ぶつかれば機体損傷の恐れのある高さ1メートル以上の
岩の塊も多くあり、精密な運用が求められました。何しろ「はやぶ
さ2」の体よりも大きな岩石がゴロゴロしているんですから。

　もう一つ非常に困難な状況がありました。1回目は直径6メート
ルの狭い領域内に精度よく着陸できましたが、その際に噴き上げ
られた砂ぼこりが「はやぶさ2」下部の機器にこびりついて、目印の
「ターゲットマーカー」を捉えるカメラなどが曇っていたのです。感
度が落ちているため、投下しておいたターゲットマーカーを見つけ
られない恐れがあります。このカメラは上空30メートルで初めて
起動します。もし、はやぶさ2がターゲットマーカー上空に正確に
到達できておらず、この目印を見つけられなければ、自動で着陸を
断念して引き返すことになっています。

　というわけで、1回目より低い位置でマーカーを捉えることにし
ました。チームは、地球からの指示に沿って探査機を降下させる時
間を延ばし、完全な自律運用を始める高度を前回の約45メートル
よりも下げることにしました。さらに、低高度での機体の向きや姿
勢、位置の変更を一度に実施して、運用時間の短縮を図るという工

夫もしました。

　加えて、「はやぶさ2」の動きの精度を高めるため、佐伯孝尚プロジェクト・エンジニアたちは、12基の姿勢制御装置のそれぞれの癖まで調べ、「センチ単位の精度で乗りこなせるようになった」そうです。万全の態勢が整いました。

成功するかどうかのカギを握るポイント

　この結果、着陸の成功確率はわずかに下がると想定されていました。低高度でのオペレーションの予定スケジュールはすでに述べたようなものですが、成否のポイントは、

　　①ターゲットマーカーをとらえる高度を下げると、カメラの感度の問題は解消できますが、視野が狭まるため、「はやぶさ2」がうまくターゲットマーカーを見つけられるかどうか、

　　②高度30メートルから8.5メートルまで降下する間に、LRF（近距離高度計）への切り替えがすばやくできるかどうか、

　　③低高度で機体の向き、姿勢、位置を一度に変更する動作を計画通りにできるかどうか、

などなど。

　これらの中でも、ターゲットマーカーを見つけられるかどうかが最も大きな山場になり、そのターゲットマーカーを視野に入れて、少し離れた目標地点の真上に「はやぶさ2」をピンポイントで誘導できるかどうかに、大きな注目が集まっていたと言えます。

2回目タッチダウン実況

　降下の様子は、リアルタイムの画像付きでJAXAホームページで実況されていました。以下にその概略を述べておきましょう。時刻はすべて神奈川県相模原市の管制センターで確認した時刻です。「はやぶさ2」との交信に要する時間は、現在は片道約13分半なので、事件の起きた「リュウグウ時間」はそれだけさかのぼった時刻です。

●7月10日午前11時1分ごろ、ホームポジションの高度20キロから降下を開始しました。降下開始を前に、津田雄一プロジェクト・マネジャーは「いよいよこの日が来ました。非常に重要なマイルストーンですが、だからこそ、これまで通り冷静な判断でやっていきましょう。そして明日、はやぶさ2にもう一度リュウグウに触らせてあげましょう」とチームのメンバーに語りかけました。そして秒速40センチでおもむろに降り始めました。

●7月10日午後9時すぎ、高度5キロ付近で、秒速40センチから秒速10センチに落とすことに成功しました。次のチェックポイントは、高度500〜300メートル付近で、相模原の管制センターから「はやぶさ2」に最終的な着陸指示を出せるかどうか。7月10日の夜を徹して、息づまる運用がつづきます。

●7月11日の夜が明けました。午前8時56分、高度300メートル。9時4分に管制センターでチェックの結果、探査機・地上系とも正常であることを確認し、相模原から「はやぶさ2」に向け、「着陸へゴー」の指令が出されました。

●9時18分、高度250メートル。9時26分、高度200メートル。9時41分、高度100メートル。管制室の大きなスクリーンには、リアルタイムのドプラー・モニターの画面が映し出されています。視線方向の速度をモニターしています。

●9時46分、高度75メートル。9時51分、高度50メートル。9時54分、高度30メートル。「はやぶさ2」は完全な自律的な運用に切り替わりました。そしてこの時点で、「はやぶさ2」がホバリングを開始していることが確認されています。ということは、最大のカギとなるターゲットマーカーの捕捉に成功したということ！

●10時、依然としてホバリング中。10時1分、「はやぶさ2」が再びゆったりと降下を開始しました。10時6分、降下をつづけて

います。10時7分、高度の計測をLRF（レーザー・レンジ・ファインダー：近距離高度計）に切り替えることに成功。その正確なデータをもとに、10時9分、ターゲットマーカーの真上8.5メートルに到着し、再度ホバリングをしながらリュウグウの地面の角度に「はやぶさ2」の下面が沿うように傾きを調整し、岩に機体がぶつからないよう横の姿勢も変えるなど姿勢制御を実行しています。カメラが切り替わった時、ターゲットマーカーは画面のど真ん中にあったそうです。見事な腕前でした。

●10時18分、さあ、いよいよ最終降下開始！　ターゲットマーカーを横目で睨みながら、ターゲットマーカーの南西2.6メートルにある比較的平らな場所をめざします。

●10時20分、「はやぶさ2」が上昇に転じました！　この時点ではアンテナがLGA（低利得）です。あの「はやぶさ2」の上面にある高性能の高利得アンテナ（HGA）に切り替われば、テレメトリ・データが送られてくるので、上記の10時18分に最終降下を開始してから2分後に上昇に転じるまでの2分間に何が起き

図8-05　着地の瞬間のプロマネ3シーン

たかが判明します。

●10時27分、まだアンテナはLGAです。相模原の管制センターは緊張でいっぱい。

●10時39分、アンテナがHGAに切り替わりました。テレメータのデータが続々と届いています。

●10時51分、「はやぶさ2」の状態が正常であること、そして物質を採取するときに弾丸を撃つ機器付近の温度が約10度上がっていたことも判明しました。弾丸は発射され、すべてが計画通りに実施されたことが確認されたのです。タッチダウン・シーケンスは完璧に遂行されました[図8-05]。そして津田雄一プロジェクト・マネジャーが、「第二回タッチダウンの成功を確認しました」と宣言しました。

カメラがとらえた「そのとき」

「はやぶさ2」に搭載した小型カメラと広角の航法用カメラとが、着地前後の表面の様子を写しだしています。図8-06は、着地4秒前→着地の瞬間→着地の4秒後を、搭載した小型カメラで撮影したものです。着地の瞬間に少し埃のような影が見え、4秒後には砂などが派手に飛び散っていますね。

また図8-07は、搭載した広角航法カメラで着陸後に撮影したものです。生々しい着陸・弾丸発射の痕跡が現れているように見えます。

その時の管制センター

「"はやぶさ2"が我々の思いをくみとって動いてくれた」——JAXA宇宙科学研究所の研究総主幹である久保田孝さんは笑顔で語っています。また、「"はやぶさ2"の動きは、事前のシミュレーションとほぼ一致しており、(これは)リハーサルじゃないかと思うほどだった(笑)」と振り返っています。

宇宙科学研究所の管制室は80人を超えるメンバーで埋め尽くさ

 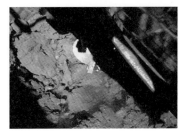

図8-06　（左上）着地4秒前→（右上）
着地の瞬間→（左下）着地から4秒後
（CAM-H：小型モニター・カメラ）

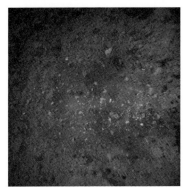 

7月11日午前10時6分32秒　　　　　午前10時8分53秒

図8-07　着地・弾丸発射後のリュウグウ表面（ONC-W1―広角航法カメラ）

れ、「はやぶさ2」から届くデータを固唾をのんで見つめていました
が、「はやぶさ2」から届いたデータから着陸成功が確認されると、
大きな歓声が沸き、拍手の嵐が起き、2回目の着陸成功を意味する
Ⅴサインを掲げました[図8-08]。

図8-08　第二回タッチダウンを喜ぶ「はやぶさ２」チーム

　最後に、津田プロマネの言葉
——「太陽系の歴史のかけらを手に入れました。100点満点の1000
　　点でした！」
　とりあえずは、おめでとうございます！　歴史に残るオペレー
ションを成功させた「はやぶさ２」チームのみなさんに、絶賛の拍手
を送ります。

リュウグウでの最大の山場を超えた
「はやぶさ２」に敬礼！

　2018年6月にリュウグウに到着後、岩だらけで「牙をむいたリュ
ウグウ」(津田プロマネ)にも負けず、「はやぶさ２」は、史上初の成功を
いくつも重ねてきました。史上最高と思われるオペレーションを幾
度も実行して、チームの力は確実に進化してきています。
　この間、数々の決断の分岐点で大いに苦しみ迷いながらでしょ
うが、チームをまとめてきた津田雄一プロマネ[図8-09]に、(まだ終
わってはいませんが)とりあえず「お疲れ様、本当によくがんばった」と、

216

感謝と拍手を送りたいと思います。

　ぴょんぴょんローバーの着地成功など、初代「はやぶさ」の「敵討ち」をやってくれた後、第一回のサンプル採取を成功させ、さらに野心的な人工クレーターづくりに挑み、次に、「もう帰ろうよ」と言う理学のメンバーもいたに違いない

図8-09　佐伯尚久プロジェクト・エンジニア（右）とともに記者会見する津田雄一プロジェクト・マネジャー

議論を、「とんでもなく貴重なものを手に入れた今、それを手放すリスク」をすべて背負う覚悟で第二回のタッチダウンに挑んだ彼は、「リスクがゼロの探査なんてない」と記者会見で述べつづけたと聞きました。あまり似たようなミッションにお金を供出してもらえない日本では、勇気あるプロマネはそのように進むのだと、あらためて多くのプロマネを想起しながら思います。実に日本人らしい心の動きだと。

　それが、単なる猪武者の発言でなかったことを、「はやぶさ2」のオペレーションのこれまでのプロセスが雄弁に証明しています。彼のお師匠さんである川口淳一郎初代プロマネとともに、日本の宇宙への挑戦の歴史に金字塔を打ち立てた恩人として、津田雄一さんに心からの敬意を表明します。

2019年7月29日
「はやぶさ2」の第二回タッチダウンの画像公開

　「はやぶさ2」チームは、第二回タッチダウンの快挙の後、休む

間もなく次の作業に移っています。このたび、歴史的な人工ク
レーター付近へのタッチダウン（7月11日）が公開されました。まず、
タッチダウンの様子を鮮明にとらえた動画は、次のページで楽しむ
ことができます。着地の瞬間にたくさんの破片やチリが飛び散って
います。収納カプセルには、貴重なサンプルがっちりと入ったも
のと思われます（http://www.hayabusa2.jaxa.jp/topics/20190726_TD2_images/）。

　タッチダウンの際に撮影した画像のうち、着陸地点から約20
メートル離れたところに見える人工クレーターの生々しい姿が注目
されます［図8-10］。高度6メートルくらいから撮ったものですが、か
なり表面がえぐれていますね。インパクター（衝突装置）の爆破によっ
て放たれた弾丸が、小惑星内部の物質を見事に表面に露出させたよ
うです。こんなに切羽づまった時に、よくも横目でにらみながらこ
んな写真を撮ったものですね。頭が下がります。科学的に非常に高
い価値をもったサンプルを持ち帰ってくれることが期待されます。

図8-10　第2回タッチダウン時に「はやぶさ2」が
20メートル離れたクレーターをとらえた画像（高度
8メートル）

　別のカメラによる、探
査機の真下の地形も写し
出されています［図8-11］。
ターゲットマーカーの位
置や、タッチダウンした
場所の凸凹もよく分かり
ますね。この第二回の
タッチダウンは、狙った
場所から60センチしか
離れていなかったそうで
す。3億キロ彼方で、着
陸精度が60センチとい
うのは、恐れ入りますね。
宇宙航空研究開発機構

図8-11　第2回タッチダウンの接地点とターゲットマーカー（TM）の位置

（JAXA）はさる7月25日、この再着陸した地点のサンプルから、科学的成果がどんどん生まれることを期待して、この地を「うちでのこづち（打出の小槌）」と命名しました。なお、第一回の着陸地点は「たまてばこ（玉手箱）」でした。

　「はやぶさ2」チームは、これからもいろいろな角度からリュウグウの観測を続行し、今年の暮れに地球帰還に向けての旅に出発します。地球到着は2020年の11月か12月ごろ。まだまだたくさんの難関が待ち構えているでしょう。声援を送りながら楽しみに待つことにしましょう。

2019年9月7日

リュウグウの岩に夭折した若手研究者の名前

　歴史的な快挙をいくつもなしとげている「はやぶさ2」には、大勢の人々の強力なチームワークが必要でした。その人々の中には、若く

図8-12　2007年にがんの手術後、家族と旅行に出かけたときの飯島祐一さん

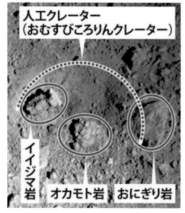

図8-14　イイジマ岩とオカモト岩

図8-13　ブレーメン大学でサンプラー試験の準備をする岡本千里さん（2011年7月）

して他界した人たちもいます。

　一人は、飯島祐一さん[図8-12]。彼はかつて大きな成果をあげた月探査機「かぐや」で活躍し、「はやぶさ2」プロジェクトの立上げと開発にも大いに尽力しました。人工クレーターを撮影した分離カメラ（DCAM3）の開発においては、病床から会議に参加したりしていましたが、2012年、癌のため44歳で亡くなりました。「はやぶさ2」が最初のタッチダウンに成功した2月22日は、彼の誕生日でした。すでに小惑星120741に彼の名前(Iijimayuichi)が、国際天文連合(IAU)によってつけられています。私は、生前の彼の誠実な話しぶりを忘れることができません。生きぬいて思い切り働きたかっただろうに……。

　もう一人は、昨年の夏に38歳で亡く
なった岡本千里さん[図8-13]。彼女は、初
代「はやぶさ」と「はやぶさ2」のサンプラー
ホーン開発のリーダーだった人で、サンプ
ル採集のための弾丸発射装置は、夜遅くま
でコツコツと努力を重ねていた岡本さんや
それを受け継いだ人々の想いが凝縮し、歴
史に残る快挙をなしとげました。彼女も草
葉の蔭で喜んでいてくれるでしょう。

　さる8月22日、「はやぶさ2」チームは、
人工クレーター付近の直径数メートルの岩
に、この2人の研究者に因んだ名前を付け
たと発表[図8-14]。衝突時に動いた大きな岩

図8-15　日本の宇宙科学
ミッションで大活躍した木
村雅文さん

が「イイジマ岩」、びくとも動かなかった岩が「オカモト岩」。これらの
岩の名前は今後、多くの論文で引用されることになることでしょう。

　なお、人工クレーターの縁にある三角形の岩は「おにぎり岩」、お
にぎり岩が落ちそうになっていることからクレーターは「おむすび
ころりんクレーター」と命名されました。なかなか気の利いた命名
だと思います。

　もう一人、この機会を借りて紹介したい人がいます。初代「はや
ぶさ」の軌道計算で大活躍した木村雅文さん[図8-15]です。彼は私の
テニス仲間で、「はやぶさ」はもちろん、月周回衛星「かぐや」では、
高感度アンテナ制御に関するリーダーとして活躍し、ミッションの
成功に大きく貢献しました。宇宙科学研究所の関係した探査機ミッ
ションでは、いつも彼の姿が見られましたが、2009年8月、「はや
ぶさ」の帰途に他界しました。その後、小惑星1997YV2(16853)が彼
を記念して「Masafumi」と命名されました。

　夢をめざした仲間たちで、ゴールまで一緒にたどり着けなかった
人たちを記念することは、とても大事なことです。「はやぶさ2」が、

彼らの夢をかなえるために最後まで頑張ってくれることを願っています。

やはり「想定外」と闘った「はやぶさ2」チーム

　みんな頑張りましたね。過ぎてしまえば、やがては苦しかったことも楽しさの中に加えられるようになるもの。でも旅はまだ終わっていないし、「はやぶさ2」チームにとっては、「夢中」の時間が進行中です。

　まあそれでも「往きはよいよい」だったように、少なくとも外部からは見えます。それが、リュウグウに到着してからは、あの地獄のような地形が牙を剝いて襲いかかってきました。着陸方式の見直しのために、書き直したコンピューター・プログラムは8000行に及び、考えうるあらゆる事態に対処できるよう使いこなし、訓練し、しかも第一回タッチダウンの当日に発生したトラブルのために、5時間かけてプログラムを書き直して「はやぶさ2」に送信するという、このほんの一部分だけを見ても息のつまるような毎日だったことが偲ばれます。

　「はやぶさ2」のだれに聞いても、ずっと苦しかったけど、強いて言えば、やはり最初のタッチダウンの時のさまざまなプレッシャーとの闘いが一番苦しかったなあ、と答えます。そして一人一人が自分の持ち場を全力挙げて闘いぬいたからこそ、強力な"One Team"が、ミッションとともにできあがって行ったのでしょう。

　津田プロマネが言っていました──「メンバーのある人が、"自分がいたからはやぶさ2は成功したと思えるようなミッションだなあ"と言っていました。これほどリーダーにとって嬉しい感想はありません」と。それを可能にしたプロマネの力を、チームのメンバーは、一生忘れないことでしょう。

第9章
「はやぶさ2」帰還の途へ

萬里鵬翼　八面玲瓏

サンプルをカプセルに収納
──帰還準備を開始

　2度にわたってサンプルはとりました。2度目のサンプルは、人類が初めて目にする小惑星の地下から放出された貴重なもの。

　採取したサンプルは、「キャッチャー」と呼ばれる円筒形の容器（直径48ミリ、長さ57ミリ）に流れ込みます[図9-01]。キャッチャーは中央に回転扉があり、図9-02のように、着陸のたびに回転して、それぞれのサンプルを格納する部屋が切り替えられるようになっているので、1回目と2回目は混ざらないようになっています。

図9-01　キャッチャー

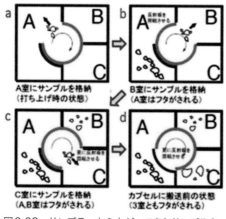

図9-02　サンプラーから上がってきたサンプルを、キャッチャー内に格納する仕組み

　「はやぶさ2」にはその部屋が3つあるのですが、実際には2度だけ着陸したので、ひと部屋は空っぽのままです。

　「はやぶさ2」では、サンプルキャッチャーの内壁をよく磨いて、ピカピカにしています。初代では、もともとあんなに小さな微粒子など想定していなかったため、内壁の表面は粗かったのですね。

そのため、地球帰還後の作業で、微粒子と内壁の微小な傷を区別しづらくて、サンプル回収は困難を極めました。こうした経験を踏まえて内壁を研磨しました。

「はやぶさ2」のサンプル採取では、初代よりも大きな粒子が手に入っているはずですが、初代では、目に見えない微粒子だけでも大きな成果を得ることができたわけですから、「はやぶさ2」の場合も、肉眼で見えるような粒子を分析した後に、初代と同じように微粒子も調べることになるでしょう。

さてそのキャッチャーは、地球に帰還した時に地上で回収するカプセルの外にあるので、帰還に備えて、回収カプセル内のコンテナに移しておかなくてはなりません。その作業がさる8月26日に行われ、サンプルがすべてカプセルに収められました。もちろん、地球への帰還後、貴重なサンプルが地球大気によって汚染されては困りますから、サンプルのコンテナは気密性が高くなっています。

初代の帰還カプセルでは、気密を保つためにO‐リングが使われていましたが、これは少しずつ気体が透過してしまうという欠点がありました。この初代での経験を踏まえ、「はやぶさ2」では気密性をより高めるために、金属だけのメタルシールに変更しました。気密性が向上したことで、ガスの分析も可能になると期待されています。

帰還準備は着々と進められています。あと数ヵ月でリュウグウを出発します。

2019年10月12日

小型ロボ「ミネルバⅡ‐2」投下
──やり残していた仕事

そして、やり残していた一つのこと。「はやぶさ2」チームはさる10月3日、リュウグウの上空1キロまで降下・接近し、表面に向け

225

小型ロボット「ミネルバⅡ-2」を放出しました[図9-03]。

　この日午前1時ごろ「はやぶさ2」本体から分離、落下を始めた「ミネルバⅡ-2」は、東北大学や山形大学など国内の5大学のグループが開発したもので、長さがおよそ15センチ、重さが900グラム程度の小さなロボット[図9-04]。昨年9月にリュウグウに着陸し画像撮影などを行った3台のロボット（ミネルバⅡ-1A、ミネルバⅡ-1B、マスコット）と同じように、本来はぴょんぴょんと表面を跳びはねながら移動するタイプのものでした。しかし「ミネルバⅡ-2」には、機器が動かないという原因不明のトラブルが起き、この時は観測に参加できなかったのです。

　そこで、このたび計画を変更し、高度1キロあたりで「はやぶさ2」から分離し、リュウグウの周りをゆっくりと8周しながら落下するその様子を「はやぶさ2」から観察することによって、いびつな形をしているリュウグウの重力を測定するミッションに切り替えました。

　ミネルバⅡ-2は表面に落ちるまで5日くらいかかります。その様子を観測して、「はやぶさ2」の小惑星での仕事は全て終わります。「はやぶさ2」チームは、「ロボットにトラブルがある中で、いまできる最善の運用を行ったうえで、地球への帰還に向けた準備を始めたい」と話しています。

　なお、「はやぶさ2」から投下したドイツ・フランス共同開発の小型ローバー（探査ロボット）「マスコット」の観測結果によれば、リュウグウの地表には、明るく映っている白っぽい鉱物と黒っぽい鉱物が分布していて、その両方がほぼ半分ずつある珍しい岩の塊も見つかったそうです[図9-05]。一つの岩の塊に2種類の対照的な鉱物が見つかるのは珍しいですね。リュウグウは元の天体が一度壊れ再び集まってできたとみられていて、見つかった岩の塊は元の天体でできた可能性があるということです。

　私は専門でないのでよくは分かりませんが、成分を分析すること

で、元の衝突天体が違うタイプの小惑星だった(たとえばS型とC型)なんてことが判明すると面白いですね。

それにしても、リュウグウになる前の天体内部の温度や圧力などはたびたび変わった可能性があるとすれば、「はやぶさ2」が地球に持ち帰る岩石の分析結果がますます楽しみになってきました。

2020年8月23日

来年末に故郷・地球へ
——「はやぶさ2」帰還の途に

「はやぶさ2」は、2018年6月から約1年5ヵ月間にわたるリュウグウでの全てのミッションを成功のうちに完了し、2019年11月13日午前10時5分(日本時間)に、ガスジェットを噴射して、リュウグウ表面から高度20キロの「ホームポジション」から秒速9.2センチでゆっくりと離脱しました。地球に帰るのです。忘れ物はないかな……。

2019年11月18日には「はやぶさ2」はリュウグウから65キロの距離まで離れてリュウグウの重力圏を脱出、太陽電池パネルが太陽の方向を向くように探査機の姿勢を変えました。そこからはリュウグウを撮影することはできなくなるので、13日から18日まで、「リュウグウお別れ観測」を実施しました[図9-06]。20日からイオンエンジンの試運転で状態を確認し、12月3日から本格的にイオンエンジンを噴かして地球への軌道に乗りました。海外出張であちこちで飛行機を乗り継いで、最後に成田行きのJALとかANAに乗り込んだ時の気分ですね——「やっと故郷へ帰れる！」

思えば6年前に地球を出発した時、光の点にしか見えていなかった一つの小惑星[図9-07]が、行ってみると奇妙な形をした不思議な存在で、しかも表面が岩石だらけの手ごわい相手になりました。到着して1年半、みんなで力を合わせて取り組んだ数々の新しい挑戦

は、小型ローバーの活躍、第一回タッチダウンとサンプル採取、インパクターの放出・爆破と人工クレーターの形成、第二回タッチダウンと内部物質のサンプル採取と、めまぐるしくも完璧なオペレーションを成功させてきました。

リュウグウ出発を前にしたプロマネの津田雄一さんの言葉。

――「リュウグウの、"美しい小惑星"という第一印象が"付き合っていく相手"に変わり、"戦う相手"になり、この一枚も二枚も上手の相手に大胆に挑戦してきたが、結果として当初の予想をはるかに超える成果を得ることができた。リュウグウの探査は想像以上に難問だったが、おかげで我々の技術レベルを引き上げてもらい、リュウグウには感謝している」

このコメントが、この間のチームの苦労を見事に集約しているものと感じます。

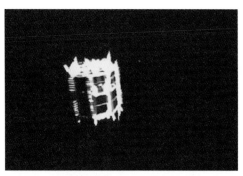

図9-03　分離直後に撮影された「ミネルバⅡ-2」(「はやぶさ2」から撮影)

図9-04　小型ロボット「ミネルバⅡ-2」

いよいよイオンエンジンを強力な手段とする帰還軌道に入った「はやぶさ2」には、どんな苦難が待ち受けているのでしょうか。帰途の航海をチームの努力で立派に乗り越えて

図9-05 リュウグウの白黒の岩

図9-06 さよならリュウグウ「はやぶさ2」が出発直後に望遠の光学航法カメラで撮影したリュウグウ（13日午前10時15分）

図9-07 「はやぶさ2」の旅立ちの頃、ハワイのすばる望遠鏡がとらえたリュウグウ

くれることを、みんなで応援しながら祈りましょう。「はやぶさ2」が地球に帰還するのは、2020年12月6日の予定です。この日、「はやぶさ2」のカプセルが描く光の帯が、南十字星の輝くオーストラリアの夜空を駆け抜けることを期待しています。

── "さよならリュウグウ"、"さあ「はやぶさ2」、気をつけて帰ろうぜ"

カプセル分離は１２月５日午後

　オーストラリア政府による1年間の審査を経て、8月10日に「着陸してよい」との許可が出されました。「はやぶさ2」の帰還に向けてのスケジュールが一挙に本格化しています。

　まず8月28日、イオンエンジンによる軌道修正がほぼ終了し、いったんイオンエンジンの噴射を止めました。現在チームは軌道決定作業を精密に行っています。その結果に基づき、9月半ばに軌道の微修正(TCM)を行うべく、イオンエンジンを再度噴かします。それ以降もTCMの予定があります[図9-08]が、10月以降はすべて化学エンジンで行います。

　帰還軌道の全体像をもっと広い視点から眺めると、図9-09のとおりです。

　さて地球から22万キロメートルまで戻ってきたところで、「はや

運用名	日付	地球距離
TCM-0	9月15〜21日頃	約3600万km
TCM-1	10月20〜26日頃	約1700万km
TCM-2	11月2〜19日頃	約1200万km
TCM-3	11月25〜29日頃	約350万km
TCM-4	12月1日頃	約180万km
カプセル分離	12月5日　14:00〜15:00JST頃	約22万km
TCM-5	12月5日　15:00〜17:00JST頃	約20万km
カプセル着地	12月6日　2:00〜3:00JST頃	0km

図9-08　「はやぶさ2」帰還スケジュール

ぶさ2」本体からカプセルが分離されます[図9-10]。それは12月5日の午後2時〜3時(日本時間)頃の予定。カプセルはその後大気圏に突入し、大気の激しい高圧・高温と闘いながら降下し、最後にパラシュートで減速して、オーストラリアの大地に着陸するわけです。参考までに初代の「帰還シーン」を掲げておきましょう[図9-11]。

2020年9月14日

「はやぶさ2」は第二の人生へ出発

　カプセルを地球に向けて放った後、「はやぶさ2」本体は、新たな「延長ミッション」の旅に入ります。第二の人生。どの天体を目標にするかについては、慎重な検討がされています。まず、地球軌道を通過する小惑星・彗星18002個の中から、「はやぶさ2」の残存燃料で行ける可能性のあるもの、それも、ただ通り過ぎる(フライバイ)だけでなくランデブー飛行の可能な天体を354個選び出しました。そして最後の決め手として、工学的にミッション達成が可能で科学的価値の高い小惑星2つ(①小惑星2001AV43、②小惑星1998KY26)が浮かび上がりました。

　このうち「2001AV43」は、地球からの観測によると直径約40メートルの細長い星で、初代「はやぶさ」が探査したイトカワと同じ岩石質の可能性があります。金星と地球の引力を利用して軌道を変更し変速する「スウィングバイ」を経て、2029年11月に到着するわけで、途中で金星を観測できる利点がありますが、太陽に近づきすぎるのが心配でしょう。

　もう一つの「1998KY26」は、直径約30メートルの球状。はやぶさ2が訪れたリュウグウと同様に炭素質の可能性があります。こちらは、別の小惑星への接近や地球スウィングバイを経て2031年7月に到着します。

　いずれも、リュウグウに比べて小さく、周期10分ぐらいの高速

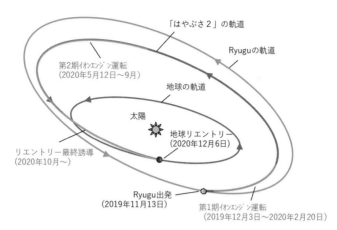

図9-09 「はやぶさ２」帰還フェーズ軌道図

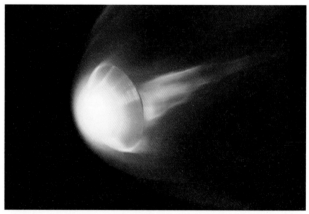

図9-10 カプセル分離、大気圏突入

　で自転しています。どちらも科学的価値については甲乙つけがたい感じで、到達するには、地球や金星などを何度もスウィングバイする必要があり、これから約10年の旅の末に到達するミッションとなっています。

　どっちを選んでも、小型で高速自転する小惑星の探査は史上初と

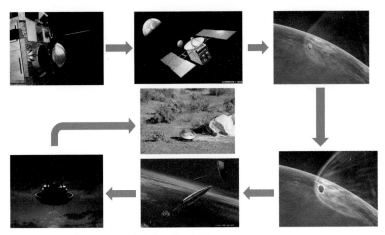

図9-11 初代「はやぶさ」大気圏突入後の経過

なります。このサイズの天体は100〜数百年ごとに地球に衝突しており、探査が被害対策などの研究に役立つ可能性もあるわけですね。もちろん「老後のはやぶさ2」(といってもまだ6歳ですが)がリュウグウで行ったような試料の採取はしません。地球へ帰って来ることもできません。

　でも小なりとはいえども、新たな発見がいろいろと期待できるのではないでしょうか。

2020年9月20日
「はやぶさ2」地球に向けての
イオンエンジン運転終了
── 12月にカプセル着地へ

　宇宙航空研究開発機構(JAXA)はさる9月17日、「はやぶさ2」が地球に小惑星リュウグウの物質を持ち帰るための主エンジン(イオンエンジン)の最終運転を終えた[図9-12]と発表。「はやぶさ2」は今後、ガ

図9-12　第一の人生の役目を果たして──イオンエンジン、お疲れ様

スジェットを駆使して地球への最終誘導をするステージに入り、今年12月6日、オーストラリアの砂漠へリュウグウの石などが入っているとみられるカプセルを着地させます。

　2019年11月にリュウグウを出発したはやぶさ2は、同月〜今年2月と今年5〜8月の2回にわたるイオンエンジンの連続運転を計画通りにこなしました。今回の運転は探査機の軌道を地球へ向けて微調整するのが目的で、9月15日午後10時過ぎに開始。約30時間運転し、17日午前3時15分ごろにエンジンの停止を確認しました。リュウグウへの往復で9000時間あまり運転したことになります。長い間のお役目、本当にご苦労様でした。

　イオンエンジンの運転を終え、開発責任者の西山和孝さん(写真中央)は、ツィッターで呟いています──「"はやぶさ"のときは最後ボロボロで、とぼとぼ歩きながらかろうじてゴールにたどり着いたような感じでした。対照的に"はやぶさ2"は最後まで最大推力を発揮できる状態でした。(次の小惑星を目指す旅でも)イオンエンジンが役目を果たすことで次の世代に(日本の電気推進の)バトンを渡していきましょう。どうもありがとうございました！」

　西山さんが書いている通り、12月5日に地球に向けてカプセルを

放出した「はやぶさ2」は、再びガスジェットを噴いて大きく軌道を修正し、第二の人生の旅に出ます[図9-13]。そのこともいずれ語りましょう。

2020年9月22日
「はやぶさ2」の次のターゲット決定！

　「はやぶさ2」の延長ミッションの行き先が決まりました。候補に挙がっていた2つの小惑星のうち、「1998KY26」が選ばれました。もう一つの方は、やはり太陽に近づきすぎて温度で「はやぶさ2」の機器がやられることを怖れたと聞きました。

　到着は2031年7月。あと100億キロの旅路に出ます。「定年後」の人生の方が長いなんて……。直径約30メートルで自転周期が10分で、地球と火星の間を公転しています。リュウグウの900メートル、7時間に比べると、かなり小さく素早いですね。リュウグウと同じタイプの小惑星で、水や有機物を豊富に含む可能性もあるので、比較観測が楽しみ。

　将来地球に衝突する恐れのある天体について研究するためにも役立つデータが獲得できるでしょう。まあ時間はあるのでいずれ新たな旅立ちを迎えれば、詳しく語ることにしましょう。とりあえず軌道図だけ載せておきましょうか[図9-14]。

　それではこの「定年後」とは言ってもまだまだいくつもの障害が待ち構える羈旅に出る「はやぶさ2」の「第二の人生」を思い描きながら、今回の私の「日記」を閉じることにします。みなさん、新型コロナ──くれぐれもお気をつけて。

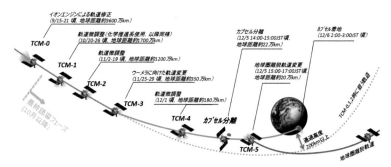

図9-13 「はやぶさ2」のカプセル、帰還のフィナーレ

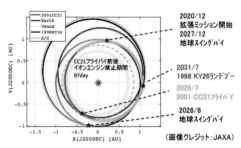

図9-14 「はやぶさ2」の延長ミッション

閑話休題

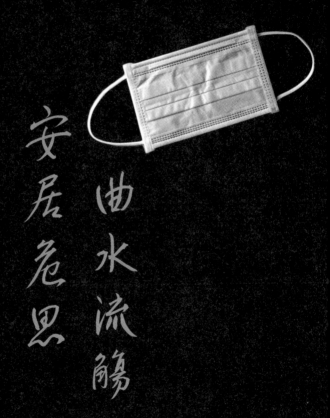

安居危思　曲水流觴

1　ラグランジュ点

　太陽の周りを地球などの惑星が回っているとし、太陽とその惑星以外に天体がない場合、惑星が楕円軌道を描くことはよく知られている。この問題は「二体問題」と呼ばれていて、その解はすでにヨハネス・ケプラーが見つけ、アイザック・ニュートンによって系統的に解かれていた。

　太陽と地球だけなら問題ないが、さらに別の天体が存在すると、「三体問題」といって、二体問題に比べて遥かに難しくなり、一般には解析的に答えが見つからなくなる。ところが、その新たな第三の天体の質量がうんと小さければ、解ける場合がある。その三体問題の特殊な解がラグランジュ点と呼ばれているところで、L1からL5まで5つある。L1からL3まではレオンハルト・オイラーが1760年頃に発見し、その後ジョゼフ＝ルイ・ラグランジュが1772年にL4とL5を見つけた。

　たとえば太陽を地球が周回していて、その2つに比べて質量が無視できるくらい小さい物体(たとえば「はやぶさ2」)がラグランジュ点に来ると、「はやぶさ2」に働く太陽と地球の重力、「はやぶさ2」の運動に伴って生じる遠心力の3つがうまくバランスをとるような場所になっている。

　ということは、「はやぶさ2」をその場所にとどめておこうと思えば、それほど大きな力が要らないということ。特にL4とL5の2点は、L1〜L3よりも力学的に安定な釣り合い点なので、滞在するには快適な「太陽─地球系のリゾート地」である。

　というわけで、図A-01を見ていただきたい。太陽と地球の5つのラグランジュ点は、地球の軌道を含む平面内にある。最初の3つは太陽と地球を結ぶ直線上にあり、残りの2つは太陽と地球の双方から見て60度の位置にある。L4、L5の2つを特にトロヤ点と呼ぶこともある。「はやぶさ2」は、2018年4月現在、ちょうどどこの場所を通過しつつある。

　余談だが、5つのラグランジュ点のうち注目すべきは、L4、L5であろう。とくに太陽と木星を「親」とするL4、L5には、リゾート地だけに数千個以上の小天体が留まっていることが分かっている[図A-02]。そのL4、L5(トロヤ点)にいる小惑星のグループの一部にはトロイア戦争の英雄たちの名が付けられ、「トロヤ群小惑星」と呼ばれていることは有名である。

　注意事項を一つ。ラグランジュ点が2つの親天体に対して「静止している」といっても、たとえば太陽と地球の場合、太陽が止まっていると考えたとしても地球の方は回っているわけだから、その太陽と地球に対して「静止している」ラグランジュ点は、「相対的に静止している」、つまり太陽と地球に対する相対位置が変わらないということである。このことが、宇宙探査史上にラグランジュ点の様々な活用の場面を作り出している。そのことはいずれご紹介する。

2　ラグランジュ点の利用

　今年の5月ごろにラグランジュ点のことを書いた。「はやぶさ2」の合間を縫って、少しそのラグランジュ点がいかに便利な場所なのかについて触れておこう。

　話題はいくらでもあるが、たとえば知る人ぞ知る「スペースコロニー」。もともと宇宙飛行の父ツィオルコフスキー(参考文献[2])が思い描いていた構想だが、地球環境危機が問題視されはじめた1970年代に、アメリカの物理学者ジェラルド・オニール博士の提案をきっかけに、世界中の科学者・技術者たちが、やがて人類が住めなくなった地球から逃げ出さなければならなくなった場合の避難先として、白羽の矢を立てたのが、太陽と地球のラグランジュ点だった。4月に「はやぶさ2」が通りかかった場所である。

　たとえば1970年代に、プリンストン大学、NASAエイムズ研究センター、スタンフォード大学の物理学者たちが提出した巨大なスペースコロニーの代表的な3つの予想図は図A-03のようなもので

ある。

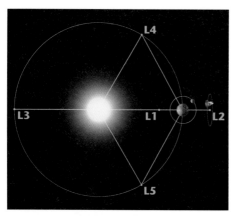

図A-01　5つのラグランジュ点

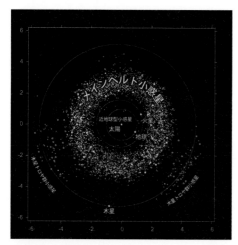

図A-02　太陽と木星を「親」とするラグランジュ点
の周辺の状況

ラグランジュ点(特に
L5、L6)にコロニーがあ
ると、太陽と地球とコロ
ニーの相対位置関係が不
変である。コロニーから
見て、いつも太陽と地球
が同じ方向にあるという
のは、いろいろと便利な
ことのあることがお分か
りと思う。

1つ目のデザイン(左の
2つ)は、約1万人を収容
できるドーナツ型のコロ
ニー。NASAのエイムズ
研究センターのこの提案
は、家、緑、歩道で埋め
尽くされ、幅800メート
ルのコロニーの中央部に
は川が流れている。

2つ目のデザインは、
かなり不思議な形をして
いる。1万人を収容でき、
上部のアンテナで他のコ
ロニーと交信する。農場
もあり、複数の階層に分
かれたチューブの中では、牛や鶏も飼われている。中心にある金属
製のエンジンは別として、コロニーは地球にとても似ている。

3つ目のデザインはシリンダー形で、最大100万人を収容する。

図A-03　1970年代にアメリカの科学者たちが提案した3つのスペースコロニー

気候変動や汚染の影響を受けないため、きれいな水と鮮やかな緑の森が広がる。無限の太陽エネルギーも利用できる。1970年代当時、NASAは最終的に10兆人が何百万ものスペースコロニーに暮らすようになると考えていた。

　この「スペースコロニー」は、提案当時は「壮大な宇宙活動の未来構想」という人々の関心を集めたが、地球環境が本当に深刻さを増してくると、地球上の人々の健全な意識は、大きく転換して「地球自身を救う」ことに向けられ始めた。そして人類は今だにその課題の途上にある。

　下火になった「スペースコロニー」だが、いずれ別の形で人類の関心事になるに違いないと、筆者は考える。それはしかし、危機に陥った地球を逃げるためではなく、平和に暮らし始めた人類の活動の場を、さらに豊かさを求めて大きく宇宙空間へ飛躍するためであってほしい。

3　ティティウス・ボーデの公式──小惑星物語（その1）

　1772年のこと。ドイツのベルリンに住むヨハン・ボーデ（1747〜1826）という天文学者に、ウィッテンベルクに住む友人のヨハン・

ティティウス(1729〜1796)から手紙がきた。太陽と(当時知られていた)六つの惑星との距離について面白い関係式を見つけたというのだ──「まず0、3、6、12、24、48、96という数字を並べて書き、それぞれに4を加え、10で割ると、太陽から各惑星までの距離が出る」という。式で表すと

$$(2^n \times 3 + 4)/10 \cdots\cdots ①$$

というもの。2^nというのは、2をn回かける。

　下表にその計算結果を示した。一番右の「惑星までの距離」という欄と、そのすぐ左の欄にある計算結果を比べてみてほしい。どうだろう、実によく合っているではないか。AUというのは、太陽・地球の距離(1億5000万キロメートル)を1.00とした時の距離(天文単位)である。

①式の計算結果と実際の惑星までの距離1AUは1億5000万キロ)

n	2^n	$2^n \times 3$	$2^n \times 3 + 4$	$(2^n \times 3 + 4)/10$	惑星までの距離
$-\infty$	0	0	4	0.4	水星 0.387AU
0	1	3	7	0.7	金星 0.723AU
1	2	6	10	1.0	地球 1.000AU
2	4	12	16	1.6	火星 1.524AU
3	8	24	28	2.8	?
4	16	48	52	5.2	木星 5.204AU
5	32	96	100	10.0	土星 9.582AU

　当時は、土星より遠い天王星・海王星はまだ見つかっていなかった。でもこの公式に$n=6$を当てはめた辺りに天王星が1781年に、$n=7$を当てはめた近くに海王星が1846年に、紆余曲折はあったが、とにかく見つかった。実に役に立った魅力的な式なのである。ただしなぜこんな式なのかは、いまだに説明はついていないのだが……。

　さて表の中で、$n=3$のところに該当する惑星がいないことが気になる。「ここには必ず惑星がいるに違いない」──人々はそれを信じ

て世界中で懸命にみんな努力していた。

そして19世紀の始まる日、1801年1月1日、イタリア・シチリア島にあるパレルモ天文台のジウゼッペ・ピアッジ（1746〜1826）[図A-04]が、恒星の間を移動していく淡い光をたたえた8等級の天体を見つけた。これが$n=3$に相当するところ（2.768AU）にあったのである。今では100万個近く見つ

図A-04　ジウゼッペ・ピアッジ（1746-1826）

かっている小惑星の最初の発見——小惑星ケレス（セレス）である。

小惑星は、大きな惑星の仲間には入っていないが、地球や木星などと同じように、太陽が誕生してから間もなくできた地球の古い仲間には違いない。なぜティティウス・ボーデの式が予言する距離にあるのかは疑問のままだが、惑星たちと深い関係で結ばれているのを感じる。そしてなぜ小惑星は大きく成長しないで、小さいままでたくさん存在することになったのか、また機会を見て紹介することにしよう。

それにしても、ピアッジの頃に「点」にしか見えなかったケレスが、今ではその周りを周回しながら観測する探査機まで出現しているのですから驚きである[図A-05]（つづく）。

図A-05　NASAの探査機「ドーン」が撮影した小惑星ケレス（セレス）

4 昔の物質が残る太陽系の「化石」──小惑星物語(その2)

　硬い表面を持つ惑星で一番外にある火星と、主としてガスででき
ている惑星で一番内側にある木星の間には、目立った惑星はない。
しかしそこにも非常に多くの天体があり、「小惑星」と呼ばれている
[図A-06]。その小惑星のうちで最初に発見されたケレス(セレス)につ
いて、前回説明した。実は今では小惑星が100万個くらい見つかっ
ているのだが、その多くは、数百メートル程度の大きさである。お
そらく太陽系が誕生した40数億年前に無数の小さな天体ができたのだろう。

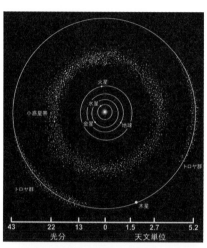

図A-06　私たちの太陽系と小惑星ベルト

　その火星と木星の間の小惑星メインベルトと呼ばれているところから少し外れた軌道を持つものもあって、地球の近くにやってくる小惑星もいる。これが2万個ぐらい。「はやぶさ」「はやぶさ2」が訪れたのは、この「地球近傍小惑星」である。
　このように小惑星はたく

図A-07　かつて地球の表面近くがドロドロに溶けていた時代があった

244

さんあるけれど、とても小さいものが多いので、その質量をすべて足し合わせても、おそらく地球の3000分の1くらいらしい。そしてこれらの小惑星の仲間は、もともと成長しきれなかったか、もっと大きな天体だったものが、破壊されてばらばらになったのだろうと推定されている。

図A-08　天体衝突でなぎ倒されたシベリアの木々（1908）

　私たちの太陽系は、大まかに言えば、今から約46億年前に誕生したと考えられている。それ以来、地球のような大きな惑星

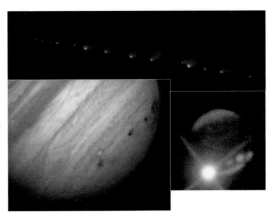

図A-09　シューメイカー・レヴィ第9彗星の木星衝突（1994年）

は、重力が大きいので内部で熱が発生し、その熱によって少しずつ変成してきたし、おまけに生成途中の激しい衝突でいったんどろどろに溶けてしまった歴史もある[図A-07]ため、今ではどこを掘ってもその生まれた頃の物質はそのまま残っているはずもない。

　しかし小惑星の体内にある物質は、そこに閉じ込められたまま、これまでの生涯を過ごしてきたため、熱も発生せず、むかしの物質

がそのまま残っているものが圧倒的に多い。体が小さいから「死んだ天体」と思いきや、そのおかげで、太陽系の誕生やその歴史を研究するのに、小惑星ほど適した天体はないと言える。まさに「太陽系の化石」！

2010年に史上初めて小惑星から帰還した「はやぶさ」のカプセルからは、小惑星イトカワの表面から採取したたくさんの微粒子が見つかった。それを分析することで、この太陽系の生まれたての頃の様子を物語る貴重な事実が明らかになってきている。そして「はやぶさ」の後継機である「はやぶさ2」が、現在リュウグウという小惑星に到着し着陸してサンプルを採集した。

リュウグウは、イトカワとはタイプの異なる小惑星で、これまで遠くからの観測によって、水や有機物を含んでいるのではないかと考えられている。そのサンプルを地球に持ち帰れば、太陽系の昔の様子をさらに詳しく調べることができるのはもちろん、生命がどのように生まれたかについてもこれまでにない貴重な情報を得ることができるので、世界中の科学者が帰還を待ち望んでいる。「山椒は小粒でもピリリと辛い」(つづく)。

5　突然やってくる隕石衝突──小惑星物語(その3)

金星・火星・木星・土星……。目立つ大きな惑星たちの陰に隠れて地味な存在だった小惑星が、太陽系の起源を研究するための貴重なサンプルであることが、日本の「はやぶさ」帰還で大きくクローズアップされた。

でもそのずっと前から、小惑星が、人類を含む地球の生き物の未来にとって大変な脅威になっていることが分かっていた。その脅威は、ある日突然にやって来る。小惑星のかけらである隕石の衝突である。たとえば写真は1908年にシベリアで起きた小天体衝突の直後の写真。爆風でなぎ倒された木々は、実に8000万本。被害の範囲は東京都と同じくらいの広さに及んだ[図A-08]。

　そしてその恐れが、うわさ話でないことを如実に示したのは、1994年に彗星がバラバラに砕かれながら木星に次々と衝突した事件[図A-09]。人類が初めてこの目で見た大規模な天体衝突の瞬間だった。木星に起きたことだったら、私たちの住む地球にだって起きる可能性はある。想像力を働かせれば、この1994年のシューメイカー・レヴィ第9彗星の事件は、身の毛のよだつような出来事だったのである。

　更に5年前（2013年2月15日）、ロシア中部のチェリャビンスク近郊に大きな天体が落下し、1500人以上がけがをし、学校の校舎をはじめとして7400の建物が被害を受ける事件が起きた[図A-10]。これは、隕石衝突の国際研究チームによって、直径約20メートルの小惑星が時速6万8400キロで大気圏に衝突する様子が再現された。そのエネルギー総量は500キロトン以上。隕石は太陽の

図A-10　中央ロシアのチェリャビンスク近郊に落下した隕石の飛跡

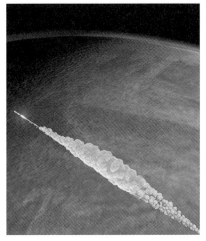

図A-11　チェリャビンスク隕石の空中爆発を再現した3Dシミュレーション

30倍の明るさを放ち、この100年で最も大きな衝撃を地球に与えたという分析結果が報告されている[図A-11]。

　地球に衝突する可能性のある小天体は1万個以上という報告もあるが、その多くは、火星と木星の間にある小惑星ベルトに起源がある。木星などの引力の影響で軌道が乱れ、地球に接近するのである。地球は、天体衝突の危険にいつもさらされている。

　そしていま世界中のあちこちで、危険な小惑星をあらかじめ見つけようという取り組みが行われるようになった。みなさんは、今から約6600万年前に小惑星が衝突した[図A-12]ために、恐竜が絶滅する大きな原因になった[図A-13]という説を聞いたことがあるだろう。同じことが今の地球で起きれば、人類はなすすべもなく絶滅する。危険が迫ってきた場合どうしたらいいのか、対策を練る議論も国

図A-12　直径10キロくらいの小惑星の衝突が引き金となって恐竜は絶滅した（6600万年前）

図A-13　恐竜絶滅と隕石落下の切っても切れない関係

連をはじめとして世界中で開始されている。

　たとえば核爆弾を使って破壊するとか、小型の爆弾で小惑星の軌道を変えるとか、近寄って静かに牽引しながら軌道を緩やかに変えるとか、探査機を使って特殊な塗料を吹きかけ太陽の熱の力で軌道を変えるとか、いろいろな案が提出されているが、決定的なものはまだない。すべてはこれからもっと真剣に検討・実験をしなければならない。アメリカもヨーロッパも日本も取り組みに真剣さが加わってきている。みなさんもこうした活動に関心をもって、参加したり応援したりする人がいっぱいいてくれるといいですね。

図A-14　エジプト神話の太陽神ラー

6　オシリスとイシスの伝説──エジプト神話の一断面

　小学校の時によく釣りをしていた。私が生まれた広島県呉市は瀬戸内海に面しているので、近くの「音戸の瀬戸」と呼ばれているところの近くにボートを浮かべて昼も夜も釣りに出かけた。海の釣りは、川での忙しいルアーと違って、割りと暇である。夜釣りの時など、魚が食いつくまではのんびりと星を見ていた。

　どういうきっかけだったか忘れたが、ギリシャ神話というものに触れてから、私は夢中になり、ギリシャ神話の本をボート

図A-15　天空神ヌトと地上神ゲブ（天地の間の立ち姿がシュウ）

に持ち込んで、懐中電灯の光で読破したのが、懐かしく思い出される。

さてそんな動機もあって、神話というものには幼い頃から興味があり、「オシリス」という神様のこともよく耳にしていた。

エジプト神話の伝えるところでは、世界には光のない混沌の海（ヌン）しかなかった。その中から突如太陽神ラーが現れ、そこから時間が始まる。このラーが最高神である［図A-14］。ラーは大気の神シュウ、湿気の女神テフヌトを産み、シュウとテフヌトは結婚して地の神ゲブと空の女神ヌトを産む［図A-15］。ラーの孫である天空の神ヌトと大地の女神ゲブとの間に生まれた4人の子どもたちは、オシリスとイシス、セトとネフティスが、それぞれ夫婦になった。

オシリス（Osiris）は、古代エジプト神話に登場する神の一柱。オシリスはギリシャ語読み。エジプト語ではAsar（アサル）と呼ばれることが多いらしい。プルタルコスによれば、エジプトの王として人々の絶大な支持を得ていたが、これに妬みを持つ弟のセトに謀殺され、遺体がバラバラにされてナイル川に投げ込まれる。しかしその各部を妻のイシスが拾い集め、ミイラとして復活する。セトに奪われた王位を奪還して息子のホルスに治めさせたオシリスは、自らは冥界の楽園アアルの王となり、死者を裁くことになった。古代エジプトの『死者の書』に彼の肖像が描かれている。これを基に描かれたのが図A-16。

図A-16　エジプト古代冥界の神オシリス

その「オシリス」がなぜ小惑星サンプルリターン・ミッションの名前になったかと言うと、チームのメンバーの中に、太

陽系の起源→「古えの復活」というキーワードからこの神を連想した人がいて、それをこの宇宙ミッションの目的に沿って議論し、語呂合わせ（ないしダジャレ）の上手な人が、OSIRIS-REx(Origins, Spectral Interpretation, Resource Identification, Security, Regolith Explorer：小惑星の起源・スペクトルの解釈・資源同定・安全・レゴリス探査機)と頭文字をつなげることに成功したのではないかと——筆者の想像である。ミッション名はそういう経過でつけられることが多いので。

　古代エジプトの宇宙観として、大地ゲブの上を天空の女神ヌトが覆い、その間の空間に大気の神シュウが描かれている、豪快で広々とした構図が描かれることが多いのだが、その神話のストーリーは、打って変わってかくのごとく粘液質かつ波乱万丈である。なおOSIRISの英語読みは「オサイリス」である。

　エジプト神話の悲劇の主人公であり、やがて「冥界の王」となったオシリスを冠にした「オサイリス・レックス」が大きな成果をあげるよう、祈ることにしよう。

7　宇宙からの「メリー・クリスマス」——アポロ8号

　今から50年前(1968年)のクリスマス・イブ。3人の飛行士が月を周回する軌道上にいた。人類初の有人月飛行である。アポロ8号。搭乗したクルーは、フランク・ボーマン、ジム・ラベル、ビル・アンダース[図A-17]。

　そしてそれは突然目の前に現れた。「うわあ、すごいぞ！　地球が昇ってくる！」。アンダースの叫びに、ラベルもボーマンも窓の外を見た。荒涼とした月の地平線の向こうに、まばゆいばかりの青と白に彩られた地球が、漆黒の闇を背景にゆったりと昇っていく——「なんて美しいんだ！」。うっとりと見つめる3人。彼らは、20世紀で最も衝撃的で印象的な天体の風景を目にしたのである[図A-18]。

　アポロ8号が年の暮れになって月を周回した1968年という年は、

図A-17　アポロ8号のクルー(左からラベル、アンダース、ボーマン)

米国にとって非常に暗い年だった。ベトナム戦争が泥沼に陥って、国民が18世紀の建国以来、初めてこの国の未来に疑問と不安を感じた年と言われた。

　月からの生中継の時間がやってきた。故郷の星、地球では、町々の広場で、オフィスで、飲み屋で、おそらく5億人を超える人々が、はるかな月を回る軌道上から送られる3人の声を聴こうと待ち構えていた。

　月を周回するアポロ8号から、静かにクリスマス・イブのメッセージが始められた。そして3

図A-18　月面に浮かぶ地球＝アンダース飛行士撮影(1968年12月24日)

人は、飛行計画書の裏に書いてある聖書の一節を、代わる代わる読み始めた。

——はじめに神は天と地を創造された……神は言われた "光あれ" と。すると光があった……神は光を昼と名づけ、闇を夜と名づけられた。夕べとなり、また朝となった……神は乾いた地を陸と名づけ、水の集まったところを海と名づけられた。神は見て、よしとされた——

「アポロ8号のクルーから……おやすみなさい……メリー・クリスマス……みなさんに神の祝福がありますように。素晴らしい地球のすべてのみなさんに」

そして3人は1968年12月27日、懐かしい地球に帰還し、人々は歓呼の声をあげて迎えた[図A-19]。3人が米ヒューストンに戻った時、ボーマンは見知らぬ人から電報を受け取った。そこに書いてあった言葉——「あなた方は1968年を救った」。

アポロ8号は素晴らしい飛行をした。そう、もう他の話はしたくないくらいだった。一つのことを除けば……。

1960年代半ば、ボストンの町にあるMIT（マサチューセッツ工科大学）のIL（器械工学研究所）でのこと。ここで、アポロ宇宙船に搭載される誘導コンピューターのソフトウェアが作成されている。その作成の責任者は、マーガレット・ハミルトンという若い女性。女性がフル・タイムの仕事をすることが奇異の目で見られていた時代に、マーガレットは、い

図A-19　月からの帰還を喜ぶアポロ8号のクルーの家族たち

図A-20　マーガレット・ハミルトンと娘のとローレン

つも幼い娘のローレンを連れて研究所にやってきて、娘を寝かしつけた後に夜なべで仕事をするのが習慣になっていた。娘はいつもママが用意してくれたコンピューターをいじりながら眠りに就くのだった[図A-20]。

　そうしたある日、マーガレットのオフィスで、アポロ司令船に積むキーボードつきのコンピューターで遊んでいたローレンの目の前で、ディスプレイが突然、滅茶苦茶な表示に一変した。何かわけが分からないものが表示されたので驚いたローレンは、母を呼んだ。

——「ママ、来て！」

　娘の叫び声を聞いて駆けつけたマーガレットが、その表示を見て、ローレンに訊ねた。

——「どうやったら、これが現れたの？」

　利発な娘は、直前に自分が打ち込んだキーを憶えていた。

——「P、0、1と打ったら、すぐに出てきたからびっくりしたの」

　ローレンは、それとは知らず偶然に、シミュレーションの中の「P01」というプログラムを起動していたのだった。それは、宇宙船を打ち上げ前プログラムに初期化して待機状態にするコマンドで、新しく入ってきた情報がこれまでの位置情報データを片っ端から上書きしていく命令だった。そうなると、いずれ宇宙船は現在どこにいるか全く分からなくなってしまう。

　これまた利発な母は考えた。

　（飛行中に宇宙飛行士がそんな間違いを犯すとも考えられないけれど、万が一ということもあるから、事態を回避するためのコードを入れておいた方がいいわね……）。

　そこでマーガレットは、宇宙飛行士が間違えて致命的なコマンドを入力してしまった場合にそれを拒否するソフトウェアを書いた。しかしNASAはそのソフトウェアを却下した。

──「宇宙飛行士は完璧に訓練されているから、決して間違えない」

　これがNASAの言い分だった。その後もマーガレットは、何度も

──「いいかね。宇宙飛行士は決してそんなヘマはしない」

と念を押され、仕方なくマーガレット・ハミルトンは折れ、代わりにNASAのエンジニアや宇宙飛行士が利用するマニュアルにこう書き込んだ。

──「飛行中にP01を選択しないこと」

　ところがそれが、本当に起きたのである。1968年12月、月へ向かった初めての有人飛行船アポロ8号の月からの帰途、船長のジム・ラヴェルが、宇宙船のコースの微調整を行っていて、星表(スター・カタログ)の恒星番号「01」に照準を合わせようとした。ところが誤ってその前に「P」を打ち込んでしまった。

　「P01」──これこそは、マーガレットがマニュアルに「決して入力してはいけない」と書いた命令そのものではないか！　誘導コンピューターは、当然即座に打ち上げ前プログラムを呼び出してしまった。それ以降新しく入ってきた情報がこれまでの位置情報データに片っ端から上書きしていった。ディスプレイには、こんなタイミングで打ち上げ前プログラムが呼ばれたコンピューターがすっかり困惑して、訳の分からない混乱した表示が出現している。ラヴェルはわけが分からなくなって、ヒューストンの管制センターに連絡した。

　この後、アポロ8号とヒューストンの飛行管制センター、そしてマーガレット・ハミルトンのいるマサチューセッツを結んで大騒ぎ

になったことは言うまでもない。ヒューストンから呼び出しを受けたとき、マーガレットはIL（器械工学研究所）2階の会議室にいた。仲間のいるオフィスに急ぎ降りて行ったマーガレットが、オフィスのディスプレイで目にした表示には見覚えがあった。マーガレットの脳裏に、あの日のローレンの困ったような幼い表情がよみがえった。

　ローレンのあのことがあった後で、提案がNASAから拒否され、それでも宇宙飛行士が間違えたらどうしたらいいか、いろいろと悩んでいた。その頃かすかに浮かんだ解決策を思い出したのは、チームのみんなと厚さ約20センチのプログラムリストを調べ終えた頃だった。

――「まだ時間はあるわ。急いでヒューストンから新しい誘導データを送って、ラヴェルさんと一つ一つ読み合わせしてもらいましょう！」

　マーガレットが危惧したとおり、宇宙飛行士もミスをした。そして、もちろんラヴェルはその後で懸命に作業をした。この場合、自分と仲間の命がかかっているのだから。マーガレットからの指示でコンピューターの動きをいったんリセットして、上書きが航法に必要なデータまで及ぶのを早めに食い止め、それから宇宙飛行士と管制センターが、メモリー・データを一つ一つ読み合わせをする気の遠くなるような作業を長時間かけて必死でやり、何とか間に合った。

　言い得て妙だが、あの幼いローレンがアポロ8号と3人の飛行士の命と、そして「1968年」を救ったのだった。マーガレット・ハミルトン――アポロ計画の

図A-21　マーガレット・ハミルトン（MITの器械工学研究所）

歴史と世界のコンピューターの歴史にとって、忘れられない女性の一人である[図A-21][参考文献[8]]。

8　月の女神「嫦娥」のはなし

　日本には「かぐや姫」の話が伝わっているが、中国に伝わっている月に住む女神は、嫦娥と呼ばれている。この女性は、かぐやとは相当素性が異なっている。嫦娥を語る前に、まず説明を必要とする西王母という女神がいる(根っからの神話好きなので、ちょっと長い話になります。勘弁してください。)。

■西王母のこと

　能に『西王母』というのがある。小さい頃、能をやっていた私の父がお弟子さんに教える謡曲のテキストの表紙にその名が記されていた。何か不思議な響きの言葉なので質問したことがある。崑崙山に住んでいるとされる神仙で、不老不死。中国では仙女のなかの最高の存在として古くから信仰されていたらしい[図A-22a]。

　謡曲の『西王母』は、彼女が周の穆王の所に天下り、3000年に一度咲く桃の花と実を奉って祝いの舞を舞う話だそうだ。『西王母』は、日本では広く知られている『高砂』と同じ「脇能物」で、祝言の際に披露される曲に入っている。

　——周の時代。穆王の治めるめでたい聖代を迎え、泰平を祝っている場に、どこからとも知れず桃花の枝を肩にした若い女が現れる。そして、「三

図A-22a　西王母

千年に一度花咲き実を結ぶ仙桃が今花咲いたのも君の御威徳によるものであるから献上しよう」と言う。桃の謂れを聞いた穆王が、「それは西王母の桃か」と問うと、やがて「自分は西王母の化身である」と告げ、後に真の姿で現れ仙桃の実をも捧げようと約束して天に上がる。穆王が管弦を奏して西王母の天降るのを待つうち、やがて侍女を従えた西王母が光輝く妙なる姿で現れ、仙桃の実を帝王に捧げ舞を舞う。喜びの酒宴は進み、いつしか西王母は天上へと消える——

■羿と嫦娥の物語

　中国神話に帝嚳という天帝(偉い神様)が出てくる。私が聞いたところだと、地上を治める帝は、即位した順に、帝嚳—摯—堯—舜と続く。そして舜の後継者が、大禹と言って、中国初の国家と言われる夏王朝の初代の王である。夏王朝というのも多少よく分からない時代のようだが、それ以降は商(殷)王朝、周王朝、春秋戦国時代という、歴史時代(記録の残っている時代)になるわけ。

　さて、「嫦娥」というのは、弓の名手である羿の妻である。この「羿」という有名な人が2人伝えられており、一人は天帝である帝嚳に仕えていた羿、もう一人は夏王朝時代に生きた羿で、どちらも弓の名手だったというのでややこしい。前者を大羿、後者を后羿といって区別することもあるようである。でも伝説ではこれがごちゃごちゃになっていて、どちらも后羿と呼ばれているらしい。

　嫦娥の夫だったのは、大羿の方らしい。そこで本題。帝嚳の妻である羲和は太陽神で、帝嚳との間に10人の

図A-22b　中国の切手にもなっている羿

258

息子を産んだ。その10人を交代で太陽の役目をさせていたのだが、尭の時代に、その10の太陽がいっぺんに現れるようになった。

これは大変。地上は灼熱地獄となり、作物も全て枯れ、人々は塗炭の苦しみに喘ぐ。困った尭が帝嚳に泣きついたところ、帝嚳がその解決のために、神の一人である羿を地上に遣わした。

羿は、始めにうちは慎重に尭と相談しながら、威嚇射撃をしたり、いろいろな方法で、10の太陽が交代で出てくるように試みたが効果がない。仕方なく、羿は1つを残して9つの太陽を射落としてしまった[図A-22b]。地上は住みやすくなり、人々は羿に心から感謝をした。そしてその後も羿は、各地で人々の生活を脅かす悪獣たちをたくさん退治したので、人々にその偉業を称えられる英雄神になった。

でも、自分の子どもたち(太陽たち)を殺された帝嚳は、羿を疎ましく思うようになり、羿と妻の嫦娥を神籍から外してしまった。2人は不老不死ではなくなってしまったのである。そこで嫦娥は、また不老不死に戻りたいので、夫に頼んで崑崙山を訪ねさせる。

そこには、西王母という例の偉い女神様がいて、羿のことを哀れんで、不老不死の薬をくれた。この薬は二人で半分ずつ飲めば不老不死になが、一人で全部飲むと、不老不死になるばかりでなく、天に昇って神様になれるという妙薬だった。

もちろん、羿は二人で飲みたかったのだが、嫦娥は性悪だったのか、それを一人で飲んでしまい、家を飛び出してしまった。とはいえやはり気が引けたのか、はるかな天までは上らず、中途半端な距離にあるお月さまに身を潜めた。そこで薬の処方箋のとおり女神様となったのはいいけれど、罰として

図A-22c　嫦娥の像

「ヒキガエル」の姿にされてしまったとか（でも嫦娥の銅像は人間の姿だが……）［図A-22c］。

　羿は、悲しみの中で狩りなどをして過ごしながら、逢蒙という見どころのある若者に弓の技を教えていた。しかしやがてその逢蒙が、「羿を殺してしまえば自分が天下一だ」と思うようになり、ついに羿を撲殺してしまった。どこまでもツイていない羿……。彼は今の時代にも民衆から愛されている「悲劇の英雄」神である。

9　月のウサギ伝説

　月にウサギがいるという伝説の由来には、いろいろな説があるようである。私が気に入っているのは、インドの「ジャータカ神話」に出ている次のようなお話。

──むかしあるところに、ウサギとキツネとサルがいました。ある日、疲れ果てた様子でトボトボと歩いてきたお爺さんが、「何か食べるものをください」と言いました。もう気力もなくなるくらいにやつれているのです。可哀想に思った3匹は、老人のために食べ物を探しに行きました。

　しばらくして、サルは山から木の実を持ってきました。キツネは墓からお供え物を取ってきました。でも、ウサギは，何も見つけることができず、手ぶらで帰ってきました。サルとキツネがウサギを「お前は嘘つきだな」と言って責めました。

　ウサギはさんざん悩んだ末に、「もう一度探しに行くので、火を焚いて待っていてください」と言って、出かけて行きました。しかし、やはり何も見つけることができないで、手ぶらで帰って来ました。サルとウサギが前よりもっと責め立てました。「お前は大嘘つきだ！」。

　でも今度はウサギはもう悩みませんでした。「お爺さん、どうか私を食べてください」と言ったかと思うと、燃えている火の中に飛び込んだのです。自分の身をお爺さんのために捧げたの

です。お爺さんは
それを見て、心か
ら涙を流しました。
そのウサギの心を
心からたたえ、哀
れに思ったお爺さ
んは、ウサギを天
に昇らせ、月の上
によみがえらせま
した。それを見て

図A-23　月の模様とウサギ伝説

いたサルとウサギはびっくりしました。実はこのお爺さんは3
匹の行いをテストした帝釈天という神様だったのです。
　帝釈天は、そのウサギの美しく優しい自己犠牲の心を、世界の
みんながお手本にするようにと願ったのです。──

えっ？　なぜ月でウサギは餅つきをしているのかって？ [図A-23]
それもいろいろな説が伝わっている。私が好きなのは、

①ウサギは月でよみがえった後も、あのお爺さんのために餅をつ
　いている、という説。

でも他にも、

②日本では満月のことを「望月（もちづき）」というので、ウサギの
　姿が綺麗に見える満月（望月）から転じて「もちつき」になったと
　いう説

③古代中国で、月のウサギは杵を持って不老不死の薬をついてい
　るという話が伝わった

④帝釈天のお爺さんが、月に行ってもウサギが困らないように、
　餅つきの技術を教えた

⑤お月見の行事が収穫祭だったことから、お米がいっぱい獲れた
　ことに感謝している

などなど。

10 「おおすみ」誕生から50年——「はやぶさ」の誕生と「おおすみ」の消滅

　日本最初の人工衛星打ち上げのとき、私は大学院博士課程の最後の年だった。後に「おおすみ」と名づけられたその衛星[図A-24]は、チタン合金で出来た第4段モータの上にアルミのカバーを持つ計器部が取り付けられている。外側には、2本のフック型アンテナ、4本のベリリウムカッパーのホイップ型アンテナ（円偏波）が付いている。重量は、計器部の8.9キロ、第4段モータの燃焼後重量14.9キロを合わせて23.8キロだった。

　搭載機器としては、縦方向精密加速度計、縦方向加速度計、ストレーンゲージ型温度計、テレメータ送信機、ビーコン送信機、パイロット送信機など[図A-25]で、その他に送信機等へ電源を供給する容量5AHの酸化銀・亜鉛電池が搭載されていた。いわゆる「観測機器」は一つも積んでいない。

　第4段を打ち出した直後から、追跡に協力してくれたNASAの各追跡局から、「テレメータ信号電波と136MHzビーコン電波をとらえた」との連絡が次々に入ってきた——グアム、ハワイ、キトー、サンチアゴ、ヨハネスブルグ、……。

　内之浦では、発射後約2時間半を経過した15時56分10秒から16時06分54秒までの間、「おおすみ」の信号電波の受信に成功した。本当に地球を1周まわってきたことを実感した勝利の最終的確信の瞬間である。

　「おおすみ」からの信号電波は、予想より約2分半遅れて、内之浦の西の山の方向から到来した。約10分間の受信だったが、搭載機器はすべて正常。温度計測によればロケットモータケース表面の温度が約50℃、計器部搭載のテレメータ送信機水晶発振部の温度が68℃と、かなり高温になっているようである。

　その後、第2周目の受信が18時30分06秒から18時41分23秒までの間。すでに受信レベルは低く、翌2月12日第6周の受信はきわ

めて微弱な信号を捉えたのみ。7周目の受信も試みたが、もう無理だった。

NASAの追跡でも、ヨハネスブルグ局が、2月12日4時30分(日本時間)に弱い信号電波を受信したのが最後となった。「おおすみ」は、その発射後14〜15時間で連絡を絶った。ただし、連絡を

図A-24　内之浦発射場に立つ最初の衛星「おおすみ」記念碑

絶ったまま「おおすみ」は、大気との摩擦で少しずつエネルギーを失い、軌道高度を徐々に落としながらも、長楕円軌道を回りつづけた。

「おおすみ」が33歳となった年、2003年8月2日5時45分(日本標準時)、北緯30.3度、東経25.0度——北アフリカ(エジプトとリビアの国境の砂漠地帯)の上空で、「おおすみ」は大気圏に突入し、消滅した。この年、宇宙科学研究所が5月に小惑星サンプルリターン試験探査機「はやぶさ」を打ち上げ、10月には、宇宙科学研究所は、宇宙開発事業団・航空宇宙技術研究所と統合されて、JAXA(宇宙航空研究開発機構)が発足した。

「はやぶさ」とJAXAの誕生と「おおすみ」の消滅——打ち合わせたような一致が寂しさと新しい息吹を感じさせた。そして今年2020年は「おおすみ」から50年。あの頃の人々の「青春の喜びの頂点」であり、「宝の思い出」となった「おおすみ」。現代の人々が「生きる力」をもらった「はやぶさ」「はやぶさ2」——心の底から湧き上がってくる、未来への希望と挑戦と団結の力が、いつまでも日本の「宇宙」の推進力でありつづけますように[図A-26]。

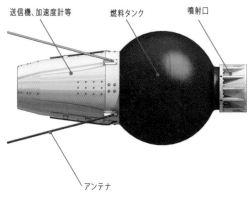

図A-25 「おおすみ」の構成

送信機、加速度計等　燃料タンク　噴射口

アンテナ

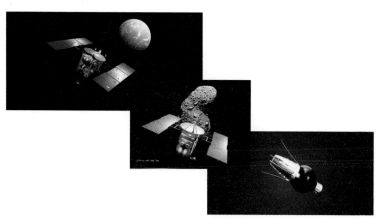

図A-26 希望と挑戦と団結の力は受け継がれていく

「あなたの名前を火星へ」
——27万人のメッセージから

撃壊之歌

積原流光

【激励1】

★厳しい条件のある人工衛星で、なぜこのようなことをしていただけるのか不思議ですが、ボイジャーのレコード盤に一筆入れさせてもらうようなもので本当に信じられません。ものすごく素晴らしい企画だと思います。

★自分の名前が半永久的に宇宙に存在するなんて考えただけでも幸せです。こんな企画をもっといっぱい作ってくれたら、もっと嬉しいです。

★皆さんの税金等を使っているので、このようなサービスは大変よいことだと思います。今後もこのような機会があればどんどんと行ってほしいです。葬式がなんだか不要な気がします。

★非常に素晴らしい企画で大変嬉しく思います。「プラネットB」の打ち上げ、観測の成功をお祈りしています。

★タイムカプセルの宇宙バージョンのようでとても楽しい企画だと思う。宇宙探査は前から興味があったので送らせてもらいました。アメリカ等に負けないように日本ももっと探査機を打ち上げましょう。

★宇宙空間に自分の名前を見られるなんて夢のようです。日本の宇宙科学技術を誇りに思うと同時に、これからも期待して見守っていきます。

★日本でももっと宇宙に対する積極的な企画ができたらうれしいです。

★研究所の方々へ一言。「宇宙科学研究所」などという、私たちの生活とはほとんど無関係と考えるところへお手紙する機会に一言。私はかねがね宇宙についての情報に興味があり、最近も火星の生命体存在の可能性やNASAの地表映像などを見て想像力をかきたてられておりました。けれど、もっと日本にも活躍してほしいところへこのお話。空を見上げると輝く火星に私の名前が回っているかと思うと、それだけで嬉しくなってしまうでしょう。宇宙

266

関連は、ばかみたいに金を喰うので、ムダだなどという声を聞きますが、私個人としては、一人1万円ずつ税金を捻出してもよいと思っています。現実、それだけとれたら政府は泣いて年金などに回すでしょうが、宇宙を知ることは、歴史を知ることと同じことなので、それを知りたいはずだと思います。将来的に日本機による日本人操縦が目標ですね。

★わたしは10さい。しょうらい、うちゅうで仕事したいけど、かなうかわかりません。でもがんばるので、みなさんもがんばってください。

【願い・夢・ロマン1】

★新聞を見てさっそく応募しました。応募者全員の名前を載せてもらえるんですか？　私はまだ高校生ですが、とても宇宙に興味を持っています。宇宙に行くことはきっと無理だけど、自分の名前が宇宙に残るなんてすごいことですね。来年の夏が待ち遠しいです。

★日本人宇宙飛行士がTV等で放送されると、大変興味をもって、かじりついて見ています。宇宙へ行けるような能力のない私にとってたいへんうれしい企画です。またこんな風に一般の人たちが参加できるような企画を是非、考案してください。

★宇宙船に乗りたい夢を持っています。名前だけでも先にかなえてください。感謝の気持ちでいっぱいです。

★新聞で自分の名前が宇宙に行くというのを見て大変驚きました。僕は宇宙に大変興味があり、宇宙に行くのが夢でした。このような機会に巡り会えたことを大変うれしく思っています。自分は行けなくてもせめて名前だけでも宇宙に行くのが大変嬉しく、その名前に自分の夢を乗せ宇宙に飛び立つ日が来るのを心待ちにしています。僕の夢をかなえてください。よろしくお願いします。

★社会人になってからは、"夢を見る"こともめっきりなくなって

しまいましたが、やっぱり夢は必要ですよネ。私の名前、宇宙へ
連れて行ってやってください。

★自分の名前が宇宙に残るということはとても夢のあることだと思
うし、生きていくことに勇気が湧いてくるような気がします。

★12月29日の新聞にて知り、"ワー、すごい！"と思わず心の中で
さけび、ぜひ実現してほしいと思いました。

★連日、人類の夢に向けての研究ご苦労さまです。人類の希望とロ
マンの1ページに参加させていただきたく、応募させていただき
ます。

★こんなにうれしいことはありません。宇宙旅行が私の夢でしたか
ら……。「プラネットB」打ち上げの成功をお祈りいたします。

★最近目にした記事の中では日本としては珍しく夢のある話です。

【世相】

★世知辛い世の中、宇宙の神秘へロマンを求めて。

★世界中の人々が宇宙にポツンと浮かぶ地球を眺め、もう一度考え
直して……。

★最近、あまり明るいニュースの無い中での素晴らしい企画を用意
していただき、本当に感謝しております。必ず打ち上げが成功す
ることを心よりお祈り申し上げますとともに、どうか今後もロマ
ンある企画をお願いします。

★朝3時に新聞配達をしております。星空のきれいな時は思わず足
を止めて空を見上げます。これからはもっと楽しくなります。

【闘病・追悼】

★新聞を読んだとき、びっくりしてすごく興奮しました。手術をし
たり、弱い体でも一日一日を前向きに、一瞬を充実して生きるこ
とが希望に満ちた人生と思っていますので、名前だけでも火星ま
で連れて行ってください。

★父が今年の5月に他界しました。父は、いま宇宙の星になったんだねって、家族みんなそう思っています。家族全員の願いと想いを託して、名前を宇宙に残してください。

★この名前は先日亡くなった父の名前です。父は若い頃、飛行機が好きでしまいには航空自衛隊に入隊し、その当時の最新のジェット機を操縦したことがあると話をしてくれました。生前に一生の中でこの頃が一番よかったと言っていました。今度は、広大な宇宙に飛ばせてあげたいのです。わが日本の宇宙科学も着々と技術も進歩し、いよいよ他の惑星を探査するまでになったこと、新年とともに嬉しく思います。益々の発展をお祈り申し上げます。

★とても素晴らしい企画に大喜び。星の大好きだった息子の名前をぜひお願いします。19歳で交通事故で星になってしまいました。息子の名前が火星の周りをまわっているなんて、胸が躍ります。

★昨年亡くなった主人は、今も空から私たちを見守ってくれていると思います。夜空を見上げるたび、月に星に主人のことを寂しがらせないでと頼んでいましたが、主人の名前が宇宙にあると考えると、私たちも心強くなれそうです。

★「火星を巡る」とてもスバラシイ企画に胸がときめいています。星になってしまった息子の名前をお願いします。

★小学2年生の息子が腎臓の病気で急に入院することになりました。少しでも励みになると思い、応募しました。

【激励2】

★新聞でこの企画を知り、ハガキを出してみました。宇宙科学研究所のやっている研究は世界でも評価が高いそうですね。「プラネットB」も火星の秘密を解き明かすために素晴らしい働きをしてくれるものと期待しています。ミッションの成功をお祈りします。

★平和ほどありがたいことはありません。半世紀ほど前までは、私

たちのまわりを取り巻く暗い権力が強すぎて、秘密と防諜思想の下で人権を縛りつけられた時代でした。今はすべてがオープンになって、自由と平和を求めまた建設していくと思います。地球上の人類もより一層の平和を求めてお互いに努力を行って宇宙への出発です。実に楽しい時代に入ったように思います。さらなるご研究の発展をお祈りしています。

★火星に自分の名前が残るとはとても素晴らしいことだと思います。たくさんのご応募があると思いますが、すべてを載せるというファイトに感動しました。これからも火星はもとより、いろいろな惑星に目を向けてそして研究し、疑問を解明していってください。私たち一家はとても宇宙に興味があります。応援しています。頑張ってください！

★文部省いけてるね。

★今回の企画、非常に良いアイディアだと思います。当方現在19歳の大学生です。ちょっと宇宙開発にたずさわるには出来が悪いですが、今学んでいる工学を選んだのは間違いなく宇宙への憧れからです。生きているうちに自分が火星へというのは難しいとしても、こうして名前が探査機に乗るだけでも幸せだなと思います。そしていつか誰かがもう一度プレートを見られる日が来るまでに宇宙への人間の進出が進むことを願ってやみません。

★地球の重力から解き放たれて「宇宙」へ出る物体に自分自身の痕跡を残すことができるなんて——大変感激です。それに納税者に対するサービスとしてはなかなかよいと思います。火星上空に到着してからの観測についても詳細な発表をよろしくお願いします。こちらの方が本当の意味でのサービス（奉仕）です。頑張れ、宇宙科学研究所！

【願い・夢・ロマン2】
★私の生命より大切な者たちです。心臓が悪い私は長くはいきられ

ないのですが、せめて残るこの者たちが、いつまでも幸せで穏やかな日々を過ごすことができますように。

★私はいま17歳で、一般で言う青春時代を送っている学生です。毎日いろんなことがあります。色んなことに敏感な頃なので、特にそう感じるのかもしれません。自分の名前を刻み今のこの心・気持ちを大人になっても思い出せるよう刻んでとどめておきたいのです。

★受験が終わって、大人になって月旅行や火星旅行ができるようになるまで回っていますように。

★私自身が宇宙へ行くかわりにせめて名前だけでも連れて行ってください。でも何年かしたら必ず私も宇宙へ行きたい。宇宙って大きな空だよね。宇宙へいつか飛べるはず。

★私の字が、名前が火星へ行くなんてわくわくします。「プラネットB」の動向、ずっと気をつけていますね。皆の名前を焼き付けたアルミ板ができたら、もし公開してくれたら見に行きます。楽しい企画をありがとうございます。

★将来人類の居住地の可能性をもつ火星に自分の名前が届けられ、残されていくなんてとても素敵なことだと思います。こんな夢のようなことが実現できるのだと思うと、気持ちが明るくなるし、宇宙についてもっと知りたいと思うようになりました。

参考文献

[1] 的川泰宣『ニッポン宇宙開発秘史——元祖鳥人間から民間ロケットへ』(NHK出版新書 2017年)

[2] 的川泰宣『宇宙飛行の父——ツィオルコフスキー』(勉誠出版 2017年)

[3] 的川泰宣『月をめざした二人の科学者——アポロとスプートニクの軌跡』(中公新書 2000年)

[4] 森治『宇宙ヨットで太陽系を旅しよう——世界初!イカロスの挑戦』(岩波ジュニア新書 2011年)

[5] https://jpn.nec.com/ad/cosmos/hayabusa/targetmarker/index.html

[6] 『「はやぶさ」物語』(NHK出版生活人新書 2010年)

[7] 的川泰宣『星の王子さま宇宙を行く——小田稔からのメッセージ』(同文書院 1990年)

[8] 的川泰宣『3つのアポロ——月面着陸を実現させた人々』(日刊工業新聞社 2019年)

図版クレジット

JAXA 0-00, 0-02, 0-04〜0-09, 1-01〜1-07, 1-10〜1-18, 2-01, 2-02, 2-06, 2-09, 2-10, 2-16〜2-20, 2-22〜2-25, 2-27, 2-31, 2-32, 3-00〜3-06, 3-08〜3-10, 3-13, 3-14, 3-16, 3-22〜3-24, 4-00, 4-01, 4-03〜4-05, 4-08, 4-11〜4-14, 4-16〜4-18, 4-21〜4-23, 5-04, 5-05, 5-12, 5-13, 6-00〜6-02, 6-06〜6-10, 6-12, 6-13, 6-15〜6-21, 7-05, 7-07, 7-18〜7-23, 8-00, 8-03〜8-06, 8-08, 8-09, 8-13, 8-14, 9-01〜9-04, 9-09, A-24〜A-26, 付章扉

JAXA, 東京大学など 1-19, 1-20, 2-00, 2-03, 2-04, 2-07, 2-08, 2-26, 2-28, 2-29, 3-11, 3-15, 3-25, 3-31, 4-02, 4-09, 4-10, 4-19, 4-20, 6-22, 7-00, 7-09〜7-17, 8-07, 8-10, 8-11, 9-05, 9-06, 9-12〜9-14

JAXA／池下章裕 1-00, 1-21, 2-15, 2-21, 3-07, 3-18〜3-21, 4-06, 4-07, 4-15, 6-05, 7-03, 7-04, 7-06, 7-08, 9-00, 9-10, 9-11

S. Kikuchi, et al., Journal of Spacecraft and Rockets,2020. 6-11

NASA 1-08, 1-09, 2-13, 2-14, 3-03, 3-12, 5-00〜5-03, 5-07〜5-09, 5-14〜5-18, 5-24, 7-01, 7-02, 8-01, A-01, A-03, A-05, A-09, A-17〜A-21

DLR 3-17, 3-26〜3-28, 3-30, 3-32〜3-34

国立天文台 9-07, A-02, A-06

IKI 2-11

ESA 2-12

CNSA 5-19, 5-21, 5-22

東山正宜（朝日新聞社） 0-01

装丁クレジット

NASA, JAXA／池下章裕

【著者略歴】

的川泰宣 (まとがわ・やすのり)

宇宙航空研究開発機構(JAXA)名誉教授、はまぎん こども宇宙科学館館長、日本宇宙少年団顧問、日本学術会議連携会員、国際宇宙教育会議日本代表。東京大学大学院博士課程、東京大学宇宙航空研究所、宇宙科学研究所教授・鹿児島宇宙空間観測所所長・対外協力室室長、JAXA執行役を経て現職。

この間、国際宇宙航行連盟副会長、日本航空宇宙学会会長などを歴任。工学博士。ミューロケットの改良、日本最初の人工衛星「おおすみ」を始めとする数々の科学衛星の誕生に活躍し、1980年代には、ハレー彗星探査計画に中心的メンバーとして参画。2005年には、JAXA宇宙教育センターを先導して設立、初代センター長となる。日本の宇宙活動の「語り部」であり、「宇宙教育の父」と呼ばれる。

著書に『人類の星の時間を見つめて』(共立出版)、『宇宙飛行の父 ツィオルコフスキー 人類が宇宙へ行くまで』(勉誠出版) ほか多数。

「はやぶさ2」が舞い降りた日々
──新「喜・怒・哀・楽の宇宙日記」──

2020年12月10日　初版発行

著　者　的川泰宣

発行者　池嶋洋次

発行所　勉誠出版株式会社

〒101-0051　東京都千代田区神田神保町3-10-2
TEL：(03)5215-9021(代)　FAX：(03)5215-9025

印刷・製本　中央精版印刷

© MATOGAWA Yasunori 2020, Printed in Japan
ISBN 978-4-585-24013-6 C0044

未来を覗く
H・G・ウェルズ
ディストピアの現代は
いつ始まったか

ウェルズの作品を読み解き、その想像力の根底にある時代背景と時代への視点を探ることで、当時の科学へのまなざしと今につながる科学の根本問題を明確にする。

小野俊太郎 著
本体 2,400 円（＋税）

日本アニメ
誕生

日本アニメのオリジナル・シナリオライター第一号として活躍筆者が、貴重なエピソード・お蔵出しの資料とともに伝えるアニメ誕生秘話！

豊田有恒 著
本体 1,800 円（＋税）

文学のなかの
科学
なぜ飛行機は「僕」の
頭の上を通ったのか

小説のなかに働く力学と、二十世紀後半に確立した複雑系の科学。芥川龍之介、谷崎潤一郎、村上春樹といった作家たちの文学と科学とをつなぐ、物語生成の法則を考察。

千葉俊二 著
本体 3,300 円（＋税）

日本全国神話・
伝説の旅

日本のあけぼの飛鳥・宇陀から渡来人の足跡まで、日本人のルーツを今に伝える 800 以上の伝承地を、1200 超の豊富な写真資料とともにフルカラーで紹介。

吉元昭治 著
本体 9,800 円（＋税）

世界神話伝説大事典

全世界五十におよぶ地域を網羅した画期的大事典。「神名・固有名詞篇」では一五〇〇超もの項目を立項。現代にも影響を及ぼす話題の宝庫。

篠田知和基・丸山顯德 編
本体 25,000 円（＋税）

世界神話入門

宇宙の成り立ち、異世界の風景、異類との婚姻、神々の戦争と恋愛…。世界中の神話を類型ごとに解説し、神話そのものの成立に関する深い洞察を展開する。

篠田知和基 著
本体 2,400 円（＋税）

マハーバーラタ入門
インド神話の世界

神話・教説・哲学が織り込まれた古代インド叙事詩『マハーバーラタ』。十八巻・十万詩節からなるヒンドゥー教の聖典を一冊にまとめた画期的入門書！

沖田瑞穂 著
本体 1,800 円（＋税）

超域する異界

洋の東西を問わず、古代から現代に至るまで、人間の精神文化のなかに表現やかたちを変えながら遍在する「異なるもの」の多面的価値を浮き彫りにする。

大野寿子 編
本体 6,500 円（＋税）

豊田有恒
Toyota Aritsune

日本SF誕生
空想と科学の
作家たち

日本のSFが若かったころ

1960年代初頭、SFは未知のジャンルだった。
不可思議な減少と科学に好奇心を燃やし、
SFを広めようと苦闘する作家たちの物語。

本体1,800円(+税)

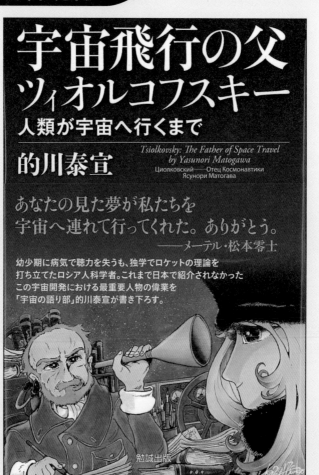

宇宙飛行の父
ツィオルコフスキー
人類が宇宙へ行くまで

的川泰宣

Tsiolkovsky: The Father of Space Travel
by Yasunori Matogawa
Циолковский──Отец Космонавтики
Ясунори Матогава

あなたの見た夢が私たちを
宇宙へ連れて行ってくれた。ありがとう。
──メーテル・松本零士

幼少期に病気で聴力を失うも、独学でロケットの理論を
打ち立てたロシア人科学者。これまで日本で紹介されなかった
この宇宙開発における最重要人物の偉業を
「宇宙の語り部」的川泰宣が書き下ろす。

勉誠出版

本体1,800円（＋税）